日本独立住宅

李路阳　李厚君　著

室内外空间关系设计研究

Design of Indoor-Outdoor Space Relationship
of Japanese Detached House

华中科技大学出版社
http://press.hust.edu.cn
中国·武汉

图书在版编目（CIP）数据

日本独立住宅室内外空间关系设计研究 / 李路阳, 李厚君著. -- 武汉：华中科技大学出版社，
2024.5

ISBN 978-7-5772-0740-7

Ⅰ.①日… Ⅱ.①李…②李… Ⅲ.①住宅-室内装饰设计-日本 Ⅳ.①TU241

中国国家版本馆CIP数据核字(2024)第077506号

日本独立住宅室内外空间关系设计研究　　　　　　　　　　　李路阳　李厚君　著
RIBEN DULI ZHUZHAI SHINEI-WAI KONGJIAN GUANXI SHEJI YANJIU

出版发行：华中科技大学出版社（中国·武汉）	电话：（027）81321913
武汉市东湖新技术开发区华工科技园	邮编：430223

策划编辑：张淑梅	责任监印：朱　玢
责任编辑：赵　萌	美术编辑：张　靖

印　　刷：武汉精一佳印刷有限公司
开　　本：880 mm×1230 mm　1/32
印　　张：4.5
字　　数：104千字
版　　次：2024年5月第1版第1次印刷
定　　价：58.00元

投稿邮箱：zhangsm@hustp.com
本书若有印装质量问题，请向出版社营销中心调换
全国免费服务热线：400-6679-118 竭诚为您服务

作者简介

李路阳　日本神户大学建筑学博士，北京建筑大学建筑与城市规划学院专任教师、硕士研究生导师，中国建筑文化研究会医院建筑与文化分会理事，北京建筑大学适老化建筑研究院运营部部长。长期从事居住空间设计理论、建筑适老化设计与改造等方面的研究及实践。以第一作者在中日两国高水平期刊发表论文10余篇，参编标准规范多部，指导学生获得国家级设计竞赛一等奖及其他奖项多次。

李厚君　日本神户大学建筑学博士，云南大学建筑与规划学院专任教师，高级工程师，日本远藤秀平建筑研究所研究员。深耕城市公共空间、人居环境、建筑空间等领域设计和理论研究多年，曾在日本风咨询株式会社、重庆DAOYUAN DESIGN事务所任职，主持或参与项目荣获海内外设计奖项近20项，在中日两国建筑类高水平期刊发表论文7篇。

内容提要

　　日本人认为住宅设计是建筑设计的原点，而住宅建筑的室内外空间关系处理则是讨论住宅建筑设计手法时涉及的一个重要课题。本书以日本现代独立住宅建筑作品为关注对象，结合大量设计案例以及代表性住宅建筑家的大量作品，深入探讨住宅庭院的形态及构成、重视室外生活空间与室内空间关系的设计手法、入户引道的布局和设计及其如何受到日本传统茶庭中飞石动线设计的影响等，综合梳理日本独立住宅建筑作品中室内外空间关系的特征和设计手法。

目 录
CONTENTS

第一章
日本独立住宅建筑形式的发展

1. 背景

住宅设计是建筑设计的原点[1]，住宅建筑的内部与外部空间的关系是研究住宅设计不可缺少的一部分。

（1）古代日本的住宅形式

追溯日本住宅的形式，史前时代主要体现为"洞窟住宅"和"竖穴住宅"等形式，当时的住宅主要担负着挡风遮雨、隔离寒暑的作用。到了平安时代，贵族阶层中出现了"寝殿造"住宅建筑，对日本住宅建筑的发展产生了很大的影响。其形式表现为，以南面的寝殿为中心，东、西、北三个方向设置对屋，其间用廊道连接，并从东西的对屋向南延伸廊道，在其端头建造钓殿。建筑物分散配置，在用地南部设置池庭，给住宅带来室外空间的同时产生了住宅空间内与外的关系。到了镰仓、室町时代，以武家的住所为主的"书院造"住宅建筑形式出现，诞生了从建筑物内部观赏的"观赏型庭院"。其代表是二条城的二之丸庭园。从桃山时代开始，随着茶道的流行，人们在住宅或寺庙中兴建茶室和茶庭（露地），"数寄屋"式的建筑诞生。庭院空间中的飞石动线，将人引导至茶室，至此茶室与露地、内部与外部的关系设计及表现达到了巅峰。其代表是日本茶道界鼎鼎大名的"三千家"（表千家、里千家、武者小路千家）以及皇室的桂离宫庭园。从几乎同一时期的平民住宅"町家"和"农家"等形式来看，可以看到具有采光和通风作用的"坪庭"、作为通道设置的"通庭"以及作为生产作业场所使用的院落等室外空间[2]。

（2）近代以来日本住宅形式的发展

明治维新后，受西式建筑的影响，日本人开始将传统的日本建筑与西洋建筑的风格融合，由此诞生了"和洋折中式"住宅，这也是日本住宅从古代发展到现代的开端。此时的住宅建筑开始使用砖块和石材等材料，室内空间的功能也变得明确，区别于传统住宅"以家主为中心"的房间格局，"和洋折中式"住宅开始采用"以夫妇为中心"的内部布局方式。

第二次世界大战后到经济高速发展期，随着现代主义建筑思想的引入和日本新陈代谢派的发展，建筑师们追求功能主义，量产型住宅建筑的均质化、划一现象越来越严重，虽然满足了住宅需求，但其千篇一律的风格样式也引起了人们的反感和抵触，因此这一时期被称为"注重量而不注重质"的时期。

20世纪70年代后半期开始，伴随着日本经济发展减速，日本住宅"保量建设"的时代结束，建筑师们以脱离教条主义、现代主义的建筑风格为目标，开始了对被称为"后现代"的现代主义的反省，设计者开始关注住宅品质的提升。对住宅设计开始围绕传统性、地域性、个别性、开放性等各种关键词展开探索[3, 4]。

（3）现代日本代表性住宅建筑师及其设计理念

在住宅设计领域，建筑家石井修是代表人物之一。石井修出生于日本奈良县，大部分建筑作品都是独立住宅，作品中较著名的有"目神山系列住宅""天与地之家""万树庵"等。石井修主张"建筑物不需要外观，而是与自然融合"[5, 6]，让独特的建筑造型和自然的地形环境融合在一起。其将自然环境要素融入住宅的设计理念，在日本经济高速发展期住宅大量建造的背景下，具有极大的设计参考价值。

曾在石井修的设计事务所工作过的竹原义二，继承并发展了石井修住宅作品中有关建筑物和自然环境关系的理念。与石井修重视住宅建筑与地形环境的关系略有不同，由于竹原义二设计的住宅大多位于城市里，他便把用地内的建筑物和外部空间的关系作为着眼点。竹原义二善于在有限的用地中引入外部空间，将日本传统的茶室与露地的风格样式活用到住宅及其入户引道的设计中，灵活地连接住宅的内部和外部空间[7, 8]。20世纪80年代以来，其独立住宅作品在住宅设计专业刊物上大量登载，长期以来备受关注，代表作品有"101号家""东广岛之家""广陵町之家"等。因此，本研究着眼于现代独立住宅内部与外部的关系。

对于住宅的外部空间的配置，西泽文隆在著作中称其基于人类对自然的原始需求，正如人们乐于在居住生活空间中放置植物，将户外空间营造出室内生活空间的氛围，或者将室外要素引入室内空间等让室内外空间融合的设计行为[9]。另外，堀口舍己将庭院这个住宅外部空间称为建筑的非城市性空间，在住宅建造中尽量利用科学和工业带来的便利的同时，主张与原始的日光、空气、植物、动物和其他自然风物相协调的生活方式[10]。竹原义二将住宅用地内的外部空间称为"余白"，主张住宅要具有回游性，随着时间、季节的变化和家庭的变迁，即使在小住宅中也能产生生活样式的无限可能性。现代独立住宅的外部空间，主要有庭、院、露台等。这些外部空间通过开口与住宅的内部功能空间邻接，可以起到采光、通风的作用。作为人与自然的接触点，外部空间在给住宅带来自然之美的同时，作为外部生活空间，将人的活动范围扩展到了室外。近年来，伴随着日本独立住宅用地狭小化的倾向[11]，好的外部空间以及与住宅建筑物的关系设计不仅具有上述优点，还能使有限的空间给人以更宽广的感受。

关于外部空间与住宅建筑的关系，筱原聪子关注内外空间的边界设计，认为建筑外墙将空间分隔出了内与外，建筑入口与开口的设置决定了建筑的居住性能，与人们的日常生活密切关联[12]。村田淳认为，可将庭院视为室内空间的延伸，与什么房间通过什么方式连接非常重要，内与外的良好连接关系是创造人与自然亲密关系的关键[13]。此外，对于将人从外部引导至住宅内部的入户引道，藤江通昌把到达玄关（入户门）比喻为电视剧，不仅提供给居住者，也提供给外人四季的变化以及平静的氛围，是形成良好街景的重要方法[14]。竹原义二、宫胁檀、平野敏之等人的住宅作品中也能看到入户引道方面的设计体现[15-18]。综上所述，包括入户引道在内的住宅外部空间的配置及其与住宅建筑的关系，是研究住宅设计的重要内容。

本书着眼于日本现代独立住宅作品中建筑与外部空间的关系，选取受关注度高的建筑家竹原义二的住宅作品，在探求包括入户引道在内的住宅中建筑与外部关系的特征的同时，亦对影响其设计方法的日本传统茶庭中动线的特征进行解析，旨在揭示现代日本独立住宅中建筑物与外部关系的设计手法。

2. 基本概念及定义

本研究关注现代独立住宅的"外部空间"，首先对"外部空间"进行概念定义和分类。从建筑学的视角来看，住宅的外部空间是建筑之外所有的居住、生活空间。其中包括庭院、露台、入户引道等。在城市型独立住宅中，人们注重中庭的设计。例如，筱原聪子和西泽文隆认为，在高密度的城市环境中，设置中庭是确保采光、通风、隐私的有效方法[19, 20]。从景观的视角来看，往往将住宅建筑物以外的用地空间视作庭院来处理。例如，堀口舍己认为住宅庭院是人类生活的场所，虽为人造却像植物一样具有生命，保持着最自然的造型艺术[21]。基于以上看待住宅外部空间的两个视角，本书对庭院、露台、入户引道等外部空间作如下定义。

◆庭院：接地且上方无遮挡，除去狭小空间（5 m² 以内），具有植物的外部空间。根据庭院在用地内的所在位置可将庭院分为前庭、中庭、后庭。

a. 前庭：位于用地接道路侧，有入户引道动线通过的庭院。

b. 中庭：位于住宅用地中部且至少三个方向被建筑物或与建筑物一体化的墙壁围合的庭院。

c. 后庭：上述前庭、中庭以外的，符合庭院定义的空间。

◆露台：不接地而对外开放的屋顶空间或平台空间。

◆入户引道：从道路出发通过前庭到达入户门的动线。

以上列举的各外部空间的包含关系如图 1-1 所示。另外，本书其他相关概念和定义列举如下。

◆内外境域：住宅建筑外墙的平面轮廓。

◆前面道路：与用地相邻接的最主要的道路。

◆内部功能：住宅内部空间中房间或空间的功能。

◆主室：平面图中标注有家庭室、客厅等的房间，包括与这些房屋空间一体化的用餐空间。

◆中间领域：如内走廊、外走廊等，介于内部空间和外部空间之间，感受上内外属性界定模糊的空间。

◆内和外的连接关系：外部空间与内部功能空间通过门窗等开口相连接。

◆内和外的连接方式：连接内与外的开口的设置方式，或内外中间领域的样式等构成上的特征。

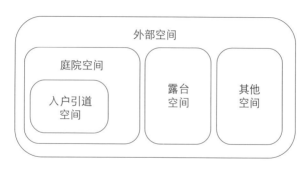

图 1-1 外部空间的分类

3. 研究方法概述

关于住宅建筑与外部空间的关系，首先需要解析的问题是住宅建筑与庭院、露台等外部空间的配置以及它们的连接关系。其次，由于入户引道将人从用地外引导至住宅建筑的入口，因此也是研究住宅内外空间关系的不可缺少的项目。因此，本书主要着眼于住宅建筑与外部空间的配置关系以及住宅入户引道的特征这两个基本设计问题。

在住宅的内部空间和外部空间配置关系的解析中，首先，研究作为内部空间的住宅建筑和作为外部空间的庭院、露台等外部生活空间被配置在用地的何处，住宅的内外境域是怎样的形状等位置关系问题。其次，研究配置在用地内的内部空间和外部空间产生怎样的关系，例如从室内的何处，如何看到外部的庭院，又能看到什么等。这些能展开住宅内外关系的很多解析项目和特征，包括内部空间和外部空间在用地内的配置位置及位置关系、划分内外空间的内外境域的形状特征、内部功能空间和外部空间的连接关系、内外空间的连接部位（开口）的构成特征、庭院空间的构成特征等。

在入户引道设计的分析中，首先研究入户引道动线的基本形态，即入户引道动线是如何规划的，例如是从道路处笔直地行进至住宅入口，还是经过几次转折进入家中，行进的距离是多少等。其次，研究入户引道动线经过了什么样的空间，这些空间随着动线的延展有什么变化。

综上所述，以上两部分内容都包含了形态特征和构成特征两个解析要素，也可表述为规划特点和设计特点。如图 1-2 所示，纵轴为两个研究内容，横轴为两个解析要素，本书的研究内容都可归类到四个象限中，以这些为中心进行住宅内外空间关系的分析。此外，作为入户引道空间研究的补充，本书还针对日本传统茶庭中飞石动线的特征进行解析，以揭示其对日本现代住宅入户引道设计的影响（图1-3）。

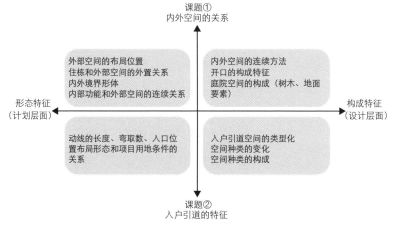

图 1-2　内外关系相关解析项目

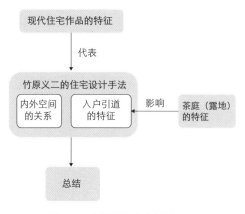

图 1-3　主要研究内容纲要

本章参考文献

[1] 安藤忠雄.住宅[M].東京:エーデイーエー,2011:13.

[2] 田中辰明.住居学概論[M].東京:丸善株式会社,1994:1.

[3] 参考文献1,8-13.

[4] 鈴木成文.住まいを読む——現代日本住居論[M].東京:建築資料研究社,1999:11.

[5] 竹原義二.師を偲ぶ——暑い夏の日の悲しみ[J].住宅建築,2007(11):146-147.

[6] 石井修.緑の棲み家[M].京都:学芸出版社,2000.

[7] 竹原義二.無有[M].京都:学芸出版社,2007.

[8] 竹原義二.竹原義二の住宅建築[M].東京:TOTO出版,2010:6-25.

[9] 西澤文隆.コート・ハウス論——その親密なる空間[M].東京:相模書房,1974:11.

[10] 堀口捨己.堀口捨己作品・家と庭の空間構成[M].東京:鹿島研究所出版会,1978:12.

[11] 小林秀樹.ミニ戸建てが巻き起こす都市住宅論争[J].すまいろん,2004(70):4-6.

[12] 篠原聡子.住まいの境界を読む[M].東京:彰国社,2008:76.

[13] 村田淳.緑と暮らす設計作法[M].東京:彰国社,2013:5.

[14] 小林和教,藤江通昌.住宅のアプローチ空間[J].デイテール,2009(10):45.

[15] 竹原義二.場の力を読む[J].住宅特集,1995(9):86-97.

[16] 参考文献7,103.

[17] 平野敏之.街と家の間[J].住宅建築,2002(8):102-103.

[18] 宮脇檀.宮脇檀の住宅設計ノウハウ[M].東京:丸善株式会社,1987.

[19] 参考文献12,137.

[20] 参考文献9,27.

[21] 堀口捨己.庭と空間構成の伝統[M].東京:鹿島研究所出版会,1965:5-8.

第二章

现代独立住宅作品中庭院的形态与构成特点

如古日语"市中的山居"[1]所言,住宅的庭院作为居住空间中人与自然的衔接点,为城市环境带来自然要素,让住在城市中的人们感知四季变化,鉴赏自然之美。伴随着 1970 年前后日本商品户建住宅的诞生和后续发展,庭院已经成为日本现代独立住宅不可或缺的重要组成部分。由于庭院的重要作用以及庭院与住宅建筑的密切关系[2],庭院的形态及布局设计也是住宅设计研究中重要的课题。

本章着眼于现代日本独立住宅作品中的庭院,对建筑专业杂志上刊登的独立住宅作品中的庭院空间的布局,植物、地面材料等庭院要素的结构进行整理,同时明确其与室内功能的关系,并捕捉这些要素随着时代的推移而产生的变化。

1. 研究案例及基本分类

研究对象设定为 1970 年至 2012 年刊登在日本现代建筑新闻界具有代表性的刊物《新建筑》及《新建筑住宅特集》中,位于日本近畿地区,具有庭院的独立住宅,且建筑密度大于 40%,用地面积在 400 ㎡以下(特殊案例除外),能够获取充分分析资料的 93 件作品(表 2-1)。

庭院空间对住宅的作用根据庭院在用地内布局位置的不同而不同。例如前庭主要起到让连接前方道路和住宅玄关的动线通过的作用,中庭主要发挥室外生活空间的作用。因此,本章将位于用地的道路侧,有入户引道动线通过的庭院定义为"前庭",将位于住宅中部的三面以上被建筑物或与建筑物一体化的墙壁包围的庭院定义为"中庭",将"前庭"和"中庭"以外的庭院全部定义为"后庭"。以此标准,对全部对象案例中的庭院进行了提取和分类。

表 2-1　作品列表

编号	收录时间	作品名称	设计者（事务所）
01	1970-02	洛西の家	彦谷邦一
02	1970-02	箕面の家	薬袋公明
03	1973-02	緑ヶ丘の家	坂倉建築研究所
04	1975-08	千里山の家	坂倉建築研究所
05	1976-02	T 邸	出江寛
06	1979-02	須磨・高倉台の家	水谷頴介　等
07	1984-02	目神山の家 8	石井修
08	1985- 夏	西明石の家	無有建築工房
09	1986-10	光明台の家	石井修
10	1986-11	国府の家	ASS 建築事務所
11	1987-03	甲南台の家	アトリエサンク建築研究所
12	1987-04	銀鼠色の家	安田庄司　等
13	1987-07	半町の家	石井修
14	1987-07	甲陽園の家	安田庄司　等
15	1987-07	箕面の家	石井修
16	1987-07	万樹庵	石井修
17	1987-12	津之江の家	ASS 建築事務所
18	1988-04	津門呉羽の家	戸尾任宏　等
19	1988-04	北山町の家	武市義雄　等
20	1988-05	自邸	坂本昭・設計工房 CASA
21	1988-09	豊中の家	出江寛建築事務所
22	1989-04	樹影の家	コンコード建築設計事務所
23	1989-04	楠町の家	無有建築工房
24	1989-05	神戸山手通りの家	建築資料室
25	1990-02	本庄町の家	無有建築工房
26	1990-06	友呂木の家	吉羽裕子
27	1990-08	林寺の家	坂本昭・設計工房 CASA
28	1991-01	House of Kamigamo	谷川勲建築研究所
29	1991-02	生駒の家	設計網アールセッション
30	1991-05	深草の家	吉村篤一
31	1991-06	山崎の舎	乃普創設計工房
32	1991-10	House of Senri	谷川勲建築研究所

编号	收录时间	作品名称	设计者（事务所）
33	1991-11	末広がりの家 2	林雅子
34	1992-11	山坂の家	竹原義二
35	1993-02	玉串川の家	竹原義二
36	1993-05	甲南台の家	吉村篤一
37	1993-09	北白川の家	東孝光
38	1994-11	御崎の家	竹原義二
39	1995-01	日吉台の家	吉羽裕子
40	1995-12	田原台の家	坂本昭・設計工房 CASA
41	1996-04	北白川通りの家	横内敏人建築設計事務所
42	1996-05	向陵中町の家	竹原義二
43	1997-01	南春日丘の家	木原千利設計工房
44	1997-02	魚崎北町の家	無有建築工房
45	1997-04	岡本の家	小山明
46	1997-07	東大阪の家	岸和郎　等
47	1997-12	能見邸	安藤忠雄建築研究所
48	1998-01	須磨・天神町の家	吉井歳晴
49	1998-03	北楠の家	坂本昭・設計工房 CASA
50	1998-05	小橋の家	木原千利設計工房
51	1998-08	狭山の家	坂本昭・設計工房 CASA
52	1999-01	朱雀の家	岸和郎　等
53	1999-01	松ヶ崎の家 II	吉村篤一
54	1999-02	海南の家	八島正年、高瀬夕子
55	1999-04	千里丘の家	竹原義二
56	1999-06	北畠の家 1	横内敏人建築設計事務所
57	2000-03	桂の家	長坂大
58	2000-06	岩園町の家	横内敏人建築設計事務所
59	2000-06	桜台の家	藤の家建築設計事務所
60	2000-07	渦森台ハウス	花田佳明、三澤文子
61	2000-12	浜寺公園の家	石井良平建築研究所
62	2001-06	グラス・ボックス	横河健
63	2001-09	箱作の家	竹原義二
64	2002-02	北摂の家	横内敏人建築設計事務所
65	2002-04	北大路の家	藤本寿徳建築設計事務所

编号	收录时间	作品名称	设计者（事务所）
66	2002-08	高城町の家	長坂大
67	2002-11	堺の家	岸和郎　等
68	2002-11	和歌山の家	岸和郎　等
69	2003-05	北大路の家	永田・北野建築研究所
70	2003-05	武庫之荘の家	長瀬信博建築研究所
71	2003-06	松崎町の家	高砂正宏
72	2003-06	群庭の家	高松伸
73	2003-08	東大津の家	岸和郎　等
74	2004-05	標準住宅 2004	岸和郎　等
75	2004-08	奈良の住宅	インフィールド
76	2004-11	DICE	千葉学建築計画事務所
77	2005-01	いぶき野の家	石井修
78	2005-01	Ca	すがアトリエ
79	2006-12	奈良・五条の家	WIZ ARCHITECTS
80	2007-04	たて庭の家	横内敏人建築設計事務所
81	2007-04	下鴨の家	鈴木エドワード建築事務所
82	2007-05	宮ノ谷の家	竹原義二
83	2007-08	朱雀の家	早川邦彦建築研究室
84	2007-09	北畠の家 2	竹原義二
85	2008-04	京都型住宅モデル	魚谷繁礼　等
86	2009-03	洛北の家	坂本昭・設計工房 CASA
87	2009-04	小倉町の家	竹原義二
88	2009-07	下鴨の家 3	長坂大
89	2010-03	内包する家	木村浩一
90	2010-05	富雄の住宅	阿久津友嗣事務所
91	2010-09	ロッペンハウス	ｋｔ一級建築士事務所
92	2012-03	Tutanaga House	荒谷省午建築研究所
93	2012-10	槙塚台の家	石倉建築設計事務所

关于庭院的构成要素，在作为人与自然衔接点的住宅庭院空间中，具有生命力的树木等植物的存在感较强。此外，根据庭院的地面做法（如硬质铺装、草坪等）的不同，庭院中绿植的构成和作用也会有所不同[3]。通过整理案例，将庭院构成要素分为"树木要素"和"地面要素"两种类型进行分析。由于庭院中的乔木是单株还是多株直接影响庭院的视觉体验，因此在"树木要素"中，又可分为存在一棵乔木的"单株乔木"、存在多棵乔木的"群植乔木"、"灌木"（单植、群植）和"无树木"四类。在"地面要素"中，可分为有步行材料的"板面"、由地砖或混凝土等构成的"铺装"以及无步行材料的"土地""沙砾""草坪""水面"等种类。

在树木要素方面，根据各要素的组合，将树木形态分为"有单株乔木""有群植乔木"和"仅有灌木"三类。

在地面要素方面，将"铺装"和"板面"归纳为"步行材料"，将"沙砾""土地""草坪""水面"归纳为"非步行材料"。根据占据庭院地面面积的多少，将庭院的地面做法分为"整体步行材料""部分步行材料"和"整体非步行材料"三类。

2. 庭院在用地内的配置

案例中，拥有前庭的案例有 33 例，拥有中庭的案例有 41 例，拥有后庭的案例有 60 例。依据庭院的布局位置的组合以及庭院间的空间是否连续，对全部 93 个案例进行了分类，得到 18 种庭院布局类型及其对应的案例（图 2-1）。

庭院的布局类型分为单个庭院和多个庭院的组合。在单个庭院的类型中，基本以空间独立的类型（Z、N1、S1）为主，也存在与街道空间连续的类型（N2、N3、S2）。当多个庭院组合时，以庭院之间相互独立的类型（A1、ZN1、NS1、ZS1）为主，也有庭院之间的空间连续的类型（A2、ZN2、NS3、NS4、ZS3）以及与街道空间连续的类型（ZN2、NS2、NS4、ZS3）。上述类型中，"仅中庭""仅

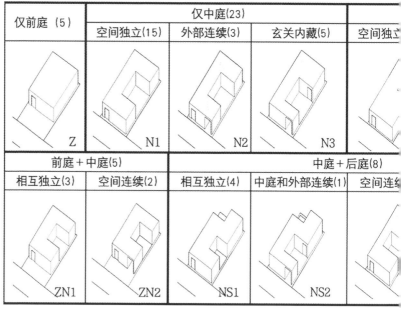

图 2-1 庭院布局类型及其对应的案例

后庭""前庭＋后庭"的案例数量相同，在93个案例中各占23个，是占比最多的类型。

从各布局类型数量的年代分布来看（表2-2），庭院之间或庭院与街道之间空间连续的类型（N2、N3、S2、ZN2、NS2、NS3、NS4、ZS3、A2）几乎都出现在20世纪90年代以及之后（表2-2灰色部分）。这种现象表明从20世纪90年代开始，人们开始有意识地将住宅外部空间进行空间上的连通，并且与街道空间相联系。另外，从各个年代的庭院布局类型数来看，从最初20世纪70年代的4种类型，到80年代的9种类型，再到90年代以及2000年后的11种类型，可以确定庭院的存在形态正在向多样化演变和发展。

又后庭(29)		前庭＋中庭＋后庭(5)	
外部连续(3)	地下(1)	相互独立(4)	中庭和后庭空间连续(1)
S2	S3	A1	A2
	前庭＋后庭(18)		
＋外部连续(1) 相互独立(16)		视觉连续(1)	空间连续(1)
NS4	ZS1	ZS2	ZS

表 2-2　各布局类型数量的年代分布

类型		年代				合计	
		20世纪70年代 编号01~06	20世纪80年代 编号07~24	20世纪90年代 编号25~56	2000年以后 编号57~93		
仅前庭	Z		1	1	3	5	
仅中庭	N1		4	5	6	15	23
	N2			3		3	
	N3			2	3	5	
仅后庭	S1	1	3	10	11	25	29
	S2			2	1	3	
	S3		1			1	
前庭+中庭	ZN1		1	1	1	3	5
	ZN2			2		2	
中庭+后庭	NS1		1		3	4	8
	NS2			1		1	
	NS3				2	2	
	NS4				1	1	
前庭+后庭	ZS1	3	4	4	5	16	18
	ZS2		1			1	
	ZS3			1		1	
前庭+中庭 +后庭	A1	1	2		1	4	5
	A2	1				1	
合计		6	18	32	37	93	

3. 庭院和室内空间的关系

对庭院和各室内功能空间通过开口（门或窗）邻接的关系（下称"邻接关系"）进行了整理，结果显示，室内功能空间与庭院在视觉上最具有连续性的 5 个功能空间是客厅、餐厅、卧室、浴室、厨房。另外，对各室内功能空间和庭院通过开口邻接的作品按不同年代进行了整理，其结果如图 2-2 所示，"卧室""起居室"和"餐厅"的邻接关系最明显，占总数的比例大，且随年代的变化不大。"浴室"和"厨房"的邻接关系近年来呈日趋明显的趋势。由此得知，室内与庭院的邻接关系由原先的以居住核心功能空间（如起居室、卧室等）为主，逐渐转变为日常生活中使用的各个室内功能空间，即庭院已转变为与生活整体密切相关的室外空间[4]。

接下来选取室内空间中最重要的公共区域起居室，对其与庭院连接处的剖面模式及对应案例进行整理分析。如图 2-3 所示，根据起居室和庭院是否同层邻接，将其分为"同层"和"分层"两种基本模式。在"同层"中，根据起居室是否有上层，又分为"有上层"

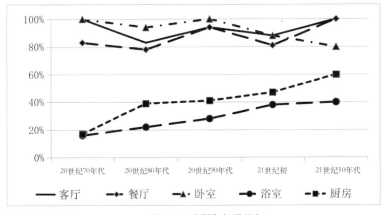

图 2-2　类型和年代分布

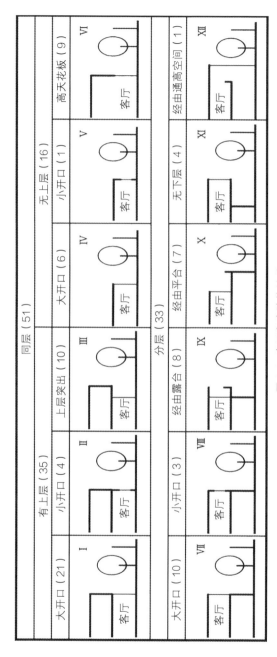

图 2-3 客厅和庭院的关系

和"无上层"两类。另外，开口分为能让人进出的"大开口"和不能进出的"小开口"，以及根据起居室外面具有露台（纵深 2 m 以下）和平台（纵深 2 m 以上）等情况又分为"经由露台""经由平台"两种类型，共计分为 12 种模式。

从各模式的案例数量可以看出，"大开口"的案例数量多于"小开口"，且无关起居室和庭院的位置关系。另外，起居室与庭院直接相邻的案例较多，同时也存在经由半室外空间的类型（Ⅲ、Ⅸ、Ⅹ）。原因为通过设置人可以通过的大开口将室内外相连，可以将庭院作为室外生活空间或者室内空间的扩展，并通过设置介于内部属性和外部属性之间的半室外空间，来丰富居住者的生活空间的层次和体验[5]。

4. 通往住宅内部的入户引道动线

经由前庭到达玄关的入户引道动线与前庭的视觉感受和气质息息相关，案例中有入户引道动线笔直到达住宅建筑玄关的类型，也存在多次弯曲的动线类型。如图 2-4 所示，案例中的入户引道动线根据弯曲次数可分为五类。直行类的"笔直"（17/33）几乎占案例数的一半，其次是弯曲两次的"二次弯曲"（8/33）类型，这两类占据了案例的绝大多数。另外，将不同弯曲次数所对应的案例数与所在年代进行关联，如图 2-5 所示，入户引道动线的弯曲次数在 20 世纪 80 年代最高。80 年代以后，弯曲的次数逐渐减少，到了 2000 年之后，入户引道采用直行类的数量较多。由此可见，80 年代以前，入户引道动线较为曲折，在此之后，独立住宅的入户引道动线逐渐向简约化演变。

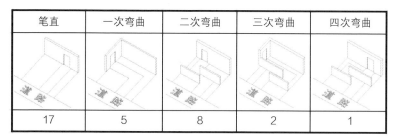

笔直	一次弯曲	二次弯曲	三次弯曲	四次弯曲
17	5	8	2	1

图 2-4　入户引道动线类型

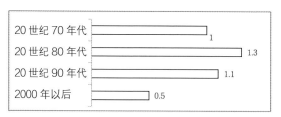

图 2-5　入户引道动线平均弯曲次数与年代的关联

5．庭院的构成

（1）庭院的面积

面积大小是庭院的重要特征之一。如图 2-6 所示，根据不同的庭院位置，对全体案例每个庭院的面积信息进行了整理。前庭的平均面积是 31 ㎡，其中最多的面积区间是 10 ～ 20 ㎡（9/33）。中庭的平均面积是 27 ㎡，和前庭一样，最多的面积区间是 10 ～ 20 ㎡（16/41）。后庭的平均面积为 49 ㎡，其中以 10 ～ 20 ㎡（13/60）和 20 ～ 30 ㎡（12/60）两个区间为主，数量几乎相同。另外，90 ㎡以上的案例（9/60）也比较多。从以上信息可知，前庭和中庭主要以小、中规模为主，后庭则以小规模和大规模为主。

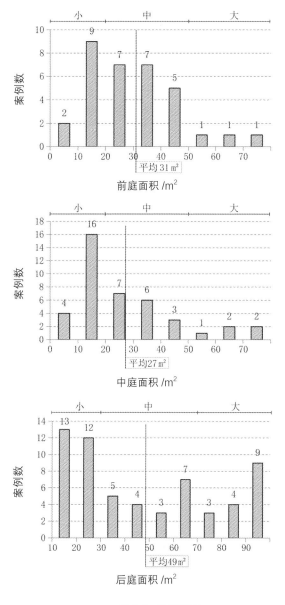

图 2-6　庭院面积

（2）庭院的树木要素

关于庭院树木要素的构成，对本章第 1 节所记述的各类树木要素的对应案例进行了整理（图 2-7）。在前庭中出现最多的是"灌木"（25/33），在中庭中最多的是"单株乔木"（31/41），两者均明显多于"群植乔木"。在后庭中，出现最多的"灌木"（35/60）超过了后庭数量的一半。

考虑到庭院的树木形态可能包含了多种树木要素的组合，因此按照本章第 1 节所记述的方法，将庭院的树木形态分为"有单株乔木"形态、"有群植乔木"形态和"只有灌木"形态三类，并对其案例进行了整理（表 2-3）。在前庭和中庭中，以"有单株乔木"为主。在后庭中，最多的是"有单株乔木"和"有群植乔木"，两者数量几乎相同。

种类	单株乔木	群植乔木	灌木	无树木
模式图				
记号	S	Z	T	N
前庭（33）	16	9	25	0
中庭（41）	31	5	27	0
后庭（60）	26	28	35	1

图 2-7　庭院的树木形态类型及相关信息

表 2-3　庭院的树木形态

树木形态	有单株乔木	只有灌木	有群植乔木
前庭（33）	16	8	9
中庭（41）	31	5	5
后庭（59）	26	5	28

（3）庭院的地面要素

关于庭院地面要素的构成，对本章第 1 节所记述的各类地面要素的对应案例进行了整理（图 2-8）。在前庭中，"铺装"（31/33）几乎在全部案例中都有出现，"板面""沙砾""水面"等要素没有出现。在中庭中，出现最多的是"铺装"（23/41），此外"土地"（17/41）、"草坪"（7/41）、"板面"（6/41）的案例数也较多。在后庭中，"土地"（29/60）最多，其他非步行材料要素（草坪、沙砾、水面）也明显多于中庭。

考虑到庭院的地面形态可能也包含了多种地面要素的组合，因此按照本章第 1 节所记述的方法，将地面形态分为"整体步行材料"形态、"部分步行材料"形态和"整体非步行材料"形态三类，按庭院的布局位置对各地面形态的案例的年代分布进行了整理（表 2-4）。可以看出，在前庭中，大部分案例都采用"整体步行材料"形态。在中庭中，地面形态未发现有特别的倾向。在后庭中，任何年代案例最多的都是"整体非步行材料"形态，但从 2000 年开始，3 种地面形态间的差距缩小，"步行材料"的使用有所增加。也就是说，相比于观赏性庭院，后庭作为停留性场所的属性正在增强，特别是"部分步行材料"形态达到了 9 例，后庭的停留使用属性和观赏属性趋于并存。

（4）庭院树木形态与起居室的关系

解析独立住宅中庭院植物的特征与起居室之间的关系，需要将庭院的树木形态及其与起居室的连接方式进行综合梳理和分析。将第 3 节中讨论的庭院和起居室的剖面模式列为横标头，将三种树木形态

种类	步行材料		非步行材料			
模式图	铺装	板面	土地	草坪	沙砾	水面
记号	H	D	E	G	J	W
前庭（33）	31	0	4	2	0	0
中庭（41）	23	6	17	7	2	1
后庭（60）	14	11	29	17	6	4

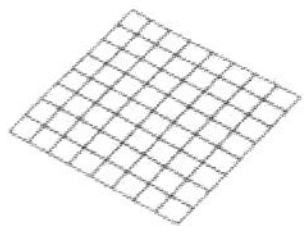

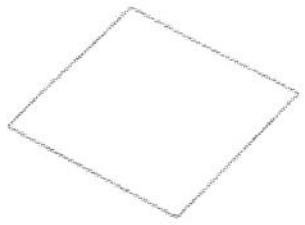

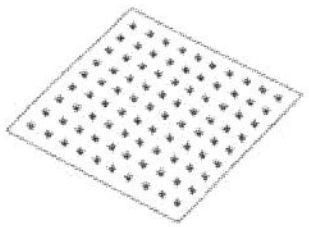

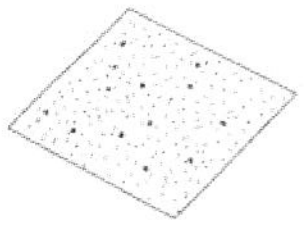

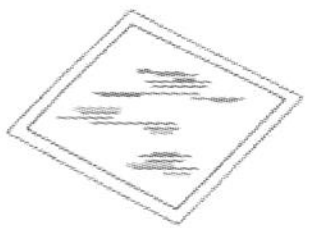

图 2-8 庭院地面要素的构成类型

表 2-4　庭院地面形态的年代分布

庭院的地面形态		年代				合计
		20世纪70年代 编号01~06	20世纪80年代 编号07~24	20世纪90年代 编号25~56	2000年以后 编号57~93	
前庭	整体步行材料	1	8	9	9	27
	部分步行材料	1	2	1		4
	整体非步行材料				2	2
中庭	整体步行材料		4	5	7	16
	部分步行材料		1	8	3	12
	整体非步行材料	6		1	6	13
后庭	整体步行材料		2	1	5	8
	部分步行材料	1	3	4	9	17
	整体非步行材料	5	7	13	10	35

列为纵表头，通过矩阵法进行综合分析，从对应案例数量较多的组合中得到了 6 种类型（图 2-9）。a、c、d、f、g 是庭院和起居室位于同一楼层的"同层"类型，其中，"大开口 + 有单株乔木"的 a（13 例）最多，属于主要形态。b 和 e 是庭院和起居室位于不同楼层的"分层"类型。在此之中，"大开口 + 有单株乔木"的 b（10 例）最多。究其原因，庭院与起居室通过大开口邻接，能够起到在视觉上扩大起居室空间的效果。对于全部案例，起居室和"有单株乔木"形态的联系最密切。另外，在"分层"中，所有的案例中均未发现"只有灌木"的树木形态，全部为有乔木的树木形态。这可以理解为，不仅在一层，具有一定高度的乔木还能为上层的起居室提供视觉景观。

树木形态	有上层（35）			无上层（16）		
	大开口（21） 客厅	小开口（4） 客厅	上层突出（10） 客厅	大开口（6） 客厅	小开口（1） 客厅	高天花板 客厅
有单株乔木	07 S　E+W 12 S　H 21 S　H+G 23 S　G 40 S+T G+J+D 45 S　D+E 59 S　D 60 S+T H+E 69 S　H 75 S　G 83 S　H 86 S　H 93 S　D+E	17 S　E 38 S　H	14 S+T　E 20 S+T　D 37 S　J 58 S+T　D+W 70 S　G	13 S+T　H 35 S　H+G 63 S　E 72 S　D		10 S 39 S+T 54 S 67 S 80 S+T 84 S
只有灌木	08 T　H 29 T　E	06 Tg　E		79 T　D+E		89 T
有群植乔木	18 Z　E 22 Z+T G+J 32 Z+T J 57 Z+T E 61 Z+T D+T 64 Z+T G+J	50 Z+T H+E+W	01 Z+T　G+J 03 Z+T　H+G 04 Z+T　G 28 Z+T　G 33 Z+T　G	90 Z+T　G	05 Z+T　E	09 Z+T 43 Z+T

图 2-9　庭院树木形态与起居室之间的关系

注：案例 31 因为不存在树木，所以从此图排除。

口（10）	大开口（3）	经由露台（8）	经由平台（6）	无下层（4）	经由通高空间（1）
分层（32）					
客厅	客厅	客厅	客厅	客厅	客厅
H＋E H H H H D＋W H E D＋E H	19 S＋T H 91 S　 E	41 S＋T G 82 S　 G	27 S＋T H 62 S　　D＋G	44 S　　 E 48 S　　 H 49 S　　 H＋E 92 S　　 H	
	65 Z＋TH＋G	02 Z＋T E 26 Z＋T H＋G 36 Z＋T H＋E 51 Z　 H＋J 53 Z＋T G 66 Z＋T E	16 Z＋T D＋E＋W 30 Z＋T E 56 Z　　 E 77 Z＋T E		85 Z＋T E

（5）庭院的构成特征

解析独立住宅的庭院特点，需要将庭院的规模和各要素的构成特征等进行综合梳理和分析。如图2-10所示，以庭院的布局位置（前庭、中庭、后庭）和地面形态为横轴，以庭院的规模（小、中、大）和树木形态为纵轴，通过矩阵法进行综合梳理。从各种组合的案例来看，可以得到前庭2种、中庭3种、后庭3种几种庭院模式。

关于前庭的2种构成类型，2种类型均属于"整体步行材料"，由此可见前庭地面以"整体步行材料"形态为主。在中等规模的A中，3种树木形态的案例数量大致相同，然而在小规模的B中几乎看不到"有群植乔木"的形态，小规模的前庭呈现出使用"有单株乔木"形态或"只有灌木"形态的倾向。

关于中庭的3种构成类型，3种类型的地面形态各不相同，由此可见中庭的地面形态呈多样化。小规模的中庭C和D的地面形态多为单一的步行材料或非步行材料，而中规模的中庭E则主要是"部分步行材料"形态。另外，关于树木形态，在属于"整体非步行材料"的D中，各类树木形态的案例数量差异较小，而在有步行材料要素的C和E中，几乎全部为"有单株乔木"的形态，由上可以看出单株乔木要素与步行材料要素的关联性较强。

关于后庭中的3种构成类型，3种类型的地面形态均属于"整体非步行材料"。另外，在3种类型中，几乎看不到"仅灌木"的树木形态，可见后庭几乎都种有乔木。在小、中等规模的F和G中，属于"有单株乔木"形态和"有群植乔木"形态的案例数量几乎没有差异，在大规模的H中，"有群植乔木"的形态几乎占据了全部，呈现出以"群植乔木"为主的倾向。

此外，对图 2-10 中树木形态和地面形态的各种组合对应的案例进行了整理，结果如表 2-5 所示。其中，最多的是"有单株乔木＋整体步行材料"形态的组合（37 例）和"有群植乔木＋整体非步行材料"形态的组合（25 例）。基于后庭倾向于采用点缀性的单株乔木配以步行材料，以及观赏性高的群植乔木配以非步行材料，可见后庭的停留使用属性和观赏属性是共存的，这一点和前述的结论相同。

规模	树木形态	前庭(33) 整体步行材料	部分步行材料	整体非步行材料	中庭(41) 整体步行材料	部分步行材料
小面积	有单株乔木	23 S H / 27 S+T H / 30 S H / 39 S+T H / 43 S+T H **B (9)**	14 S+T H+E		19 S+T H / 46 S H / 48 S H / 54 S+T H / 72 S D / 75 S H / 80 S+T H / 83 S H **C (9)**	49 S H+
	只有灌木	03 T H / 08 T H / 20 T H			08 T H	88 T H+
	有群植乔木	77 Z H		57 Z+T E		
中面积	有单株乔木	11 S+T H / 18 S+T H / 22 S+T H / 36 S+T H / 38 S H / 45 S H / 78 S H / 82 S H / 86 S H **A (17)**			13 S+T H / 24 S H / 47 S H / 59 S D / 76 S H	10 S H+ / 25 S H+ / 35 S H+ / 38 S H+ / 39 S D+ / 40 S+T G+ / 93 S D+
	只有灌木	61 T H / 64 T H / 84 T H / 92 T H	01 T H+G			
	有群植乔木	21 Z+T H / 40 Z+T H / 53 Z+T H / 81 Z H	16 Z+T H+E			65 Z+T H+ **E (8)**
大面积	有单株乔木	09 S+T H			52 S H / 69 S H	
	只有灌木					
	有群植乔木		26 Z+T H+G	66 Z+T E		50 Z+T H- / 51 Z H-

图例: 39 S+T D+E — 作品编号 / 树木要素 / 地面要素

39 日吉台之家

78 Ca

72 群庭之家

84 北畠之

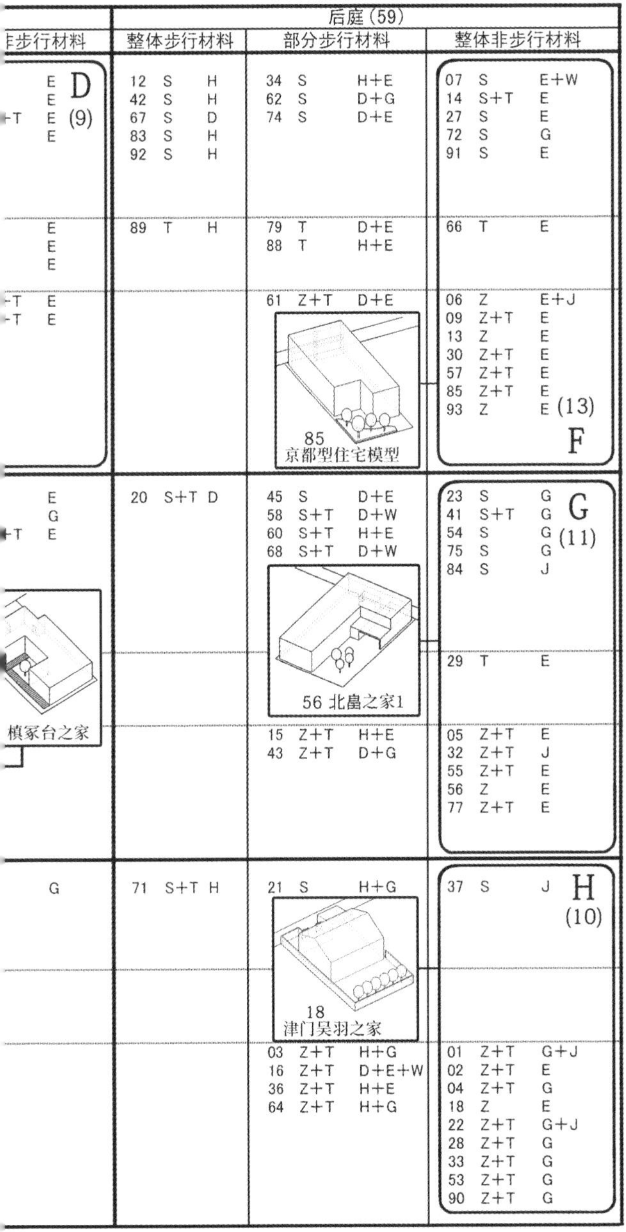

非步行材料	后庭（59）		
	整体步行材料	部分步行材料	整体非步行材料
E　D E　(9) E E	12　S　　H 42　S　　H 67　S　　D 83　S　　H 92　S　　H	34　S　　H+E 62　S　　D+G 74　S　　D+E	07　S　　E+W 14　S+T　E 27　S　　E 72　S　　G 91　S　　E
E E E	89　T　　H	79　T　　D+E 88　T　　H+E	66　T　　E
-T　E -T　E		61　Z+T　D+E *85 京都型住宅模型*	06　Z　　E+J 09　Z+T　E 13　Z　　E 30　Z+T　E 57　Z+T　E 85　Z+T　E 93　Z　　E　(13)　**F**
E G -T　E	20　S+T　D	45　S　　D+E 58　S+T　D+W 60　S+T　H+E 68　S+T　D+W *56 北畠之家1*	23　S　　G　**G** 41　S+T　G　(11) 54　S　　G 75　S　　G 84　S　　J
棋冢台之家			29　T　　E
		15　Z+T　H+E 43　Z+T　D+G	05　Z+T　E 32　Z+T　J 55　Z+T　E 56　Z 77　Z+T　E
G	71　S+T　H	21　S　　H+G *18 津门吴羽之家*	37　S　　J　**H** (10)
		03　Z+T　H+G 16　Z+T　D+E+W 36　Z+T　H+E 64　Z+T　H+G	01　Z+T　G+J 02　Z+T　G 04　Z+T　G 18　Z　　E 22　Z+T　G+J 28　Z+T　G 33　Z+T　G 53　Z+T　G 90　Z+T　G

图 2-10　庭院的规模和各要素的构成特征

注：案例 31 因为不存在树木，所以从此图中排除。

表 2-5　庭院的树木形态及相关信息

树木形态	有单株乔木	只有灌木	有群植乔木
整体步行材料	37	9	5
部分步行材料	17	4	12
整体非步行材料	19	5	25

6. 小结

本章以现代日本的独立住宅作品的庭院为对象，通过案例分析揭示了随着时代变化的庭院形态及构成特点，主要结论如下。

就庭院的形态而言，庭院的布局可分为 18 种类型。在按年代进行的研究中，20 世纪 70 年代初期多为庭院单独存在的独立类型，在 90 年代，不仅庭院之间，甚至中、后庭和街道之间也呈现了空间上的连续性。由此可见，庭院的存在形态呈多样化发展，这种趋势也体现了社会价值观以及居住与自然关系多样化的特点。另外，从庭院与室内功能的关系解析中可以看出，庭院作为与生活整体密切相关的室外空间，已成为独立住宅中生活空间的重要组成部分。

在庭院的构成特点上，分析揭示了前庭、中庭多为中小规模，后庭则有多种规模的特点，与此对应，植栽和地面材料的构成也有所不同。在树木形态方面，后庭中多见单株乔木和群植乔木两种形态，庭院的设计体现了注重停留使用的简约风和观赏性强的自然风两种风格倾向。在地面材料方面，从早期自然的非步行材料，逐渐增加使用易于进出的人工步行材料，可见庭院从以观赏为主要目的，过渡到增加了停留使用的目的等，庭院的用途本身已变得更加多样。

本章所采用的分析项目和方法，如庭院的布局划分、庭院和起居室的视觉连续关系种类、庭院的布局位置和规模、与构成要素之间关系等的梳理和解析，是研究庭院和独立住宅建筑的基础性的资料，对今后的研究具有一定的参考价值。此外，由于取样对象是具有代表性的住宅作品案例，即对住宅有较高追求的客户委托设计机构设计的作品，因此不能完全代表所有日本独立住宅的特点，相关内容有待进一步调查研究。

本章参考文献

[1] 中村一，尼崎博正.風景をつくる——現代の造園と伝統的日本庭園 [M]. 東京：昭和堂，2001：140.

[2] 西澤文隆.コート・ハウス論——その親密なる空間 [M]. 東京：相模書房，1974：11.

[3] 参考文献 2，123.

[4] 中山繁信.住まいの礼節——設計作法と美しい暮らし [M]. 京都：学芸出版社，2005：192.

[5] 参考文献 4，182.

第三章

现代独立住宅作品中室内外空间的关系设计

日本的传统建筑以面向自然的开放性和模糊的内外分界而著称。例如传统民居中延伸进入室内的土间、长屋中被建筑体环绕的坪庭，有效地将外部环境引入住宅当中，使居住者更加亲近自然（图 3-1、图 3-2）。再比如面向庭院的缘侧，结合出挑的屋檐，给室内与室外之间带来进深方向上的缓冲空间，使内和外的边界变得模糊（图 3-3）。隈研吾将上述特点描述为日本传统建筑"境界"上的特征，并认为日本传统建筑是这种"境界"设计手法的宝库，穿越时代，影响广泛[1]。依据隈研吾的描述，本章将"境界"一词定义为空间与空间的分界，如建筑的内部和外部、内部空间之间等，既包括物质空间上客观存在的分界，又包括心理上感受到的分界。这种来自传统建筑空间"境界"的特点，对日本现代建筑家的建筑设计，特别是居住建筑的影响尤为突出。本研究着眼于日本现代独立住宅作品，以现代日本具有代表性的住宅建筑家为例，采用案例分析的方式揭示其作品中关于住宅内外空间"境界"上的特点和设计手法。

日本建筑家竹原义二 1948 年出生于德岛县，青年时代工作于建筑家石井修创立的美建事务所，设计理念深受石井修的影响[2]。后于 1979 年在大阪成立了自己的建筑事务所（无有建筑工房）。作品主要为独立住宅、保育所、老年之家等以居住为原点的建筑，因此他被誉为住宅作家。曾获得过村野藤吾奖、关西建筑家大奖等。从 20 世纪 80 年代至今，其作品登上日本《住宅特集》《住宅建筑》等主流住宅设计杂志 100 余次，远超同时期其他建筑家的刊登次数。同时，因其作品风格长期成熟稳定，在日本建筑界备受瞩目。此外，曾任教于大阪市立大学等高校，著有《无有》《竹原义二的住宅建筑》等。以其成就和影响力他足以代表日本的住宅设计领域。

概观竹原义二关于住宅设计的言论会发现，竹原义二主张继承日本传统建筑"境界"上的特性，并由此将住宅空间与自然环境融合[3,4,5]，因此他重视对住宅内部空间和外部空间关系，即内部与外部两个领域之间"境界"上的处理。作品当中多见复杂的建筑平面形态或者分栋式的建筑布局[6]。如 1997 年竣工的代表作"广陵町之家"（图 3-4）中，采用了分栋式平面布局，3 个建筑体块分散、融于用地之中，并因此演绎出了丰富的内外空间的邻接关系，同时被建筑体包夹的外部空间产生了狭窄与开阔的对比，富有空间趣味性。此外，在室内空间和庭院之间多安置走廊等半室外性质的中间领域。如 2002 年竣工的自宅"101 号屋"（图 3-5）中，位于 2 层的起居室与庭院之间隔着一条开敞的半室外走廊，结合视觉通透性强的大尺寸落地推拉门，使得起居室和庭院两个空间领域重叠、渗透，其内外的边界变得模糊。

综上所述，本章着眼于住宅内外空间的"境界"，以日本典型住宅建筑家竹原义二的独立住宅作品为例，通过分析内外空间的境域形态以及境域构成的特点，讨论内外空间的构成特点以及相互关系，进而揭示竹原义二关于住宅内外空间境界的设计手法。

图 3-1　我妻家住宅的土间

图 3-2 吉田家住宅的坪庭

图 3-3　旧奈良家住宅的缘侧

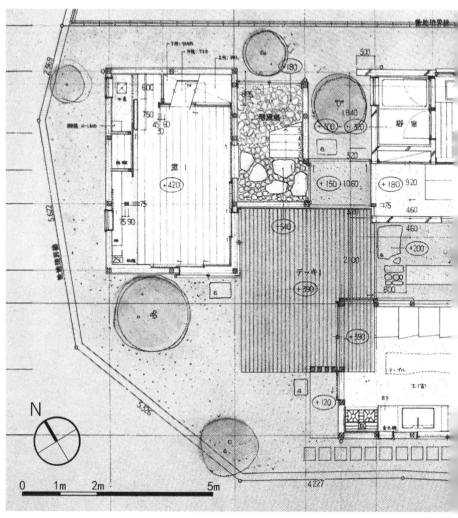

图 3-4 广陵町之家平面图

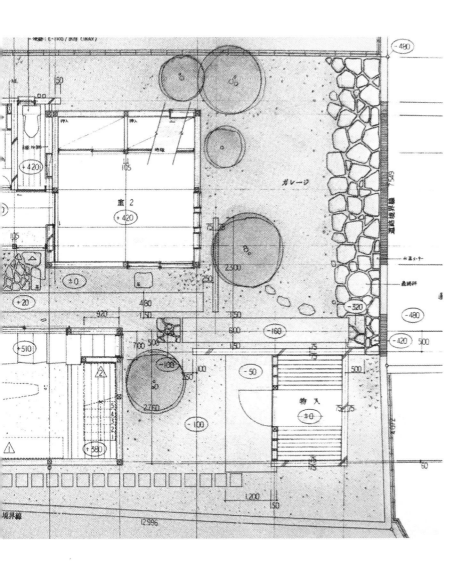

图 3-5　101 号屋的半室外走廊

1. 研究方法

　　首先，本章将介于住宅内外空间之间的建筑物的外墙、对外门窗等客观上区分内外空间的界面定义为内外境域，它的平面形状（境域形态）直接关系住宅内外空间的关系和构成特点。进而，在已确定的境域形态的基础上，门窗等开口部位的大小、位置、开口部位的空间层次等特征（境域构成）也关系生活空间的使用以及住宅内的视觉体验。以上两项特点与居住体验息息相关，对于住宅空间研究必不可少，也是本章的主要分析项目。

　　本章采用以调查竹原义二的作品、著作等资料和作品分析为主，以对竹原义二本人进行采访为辅的方法展开研究。资料调查方面，从他本人的著作以及杂志上的作品解说当中提取其设计意图，并从日本主流住宅设计杂志中抽出具有代表性的 78 件独立住宅作品（表3-1）。作品分析方面，在把握了他的作品以及言论的基础上，在境域形态与境域构成两个大方面，分别对住宅内外境域的平面形态、内部功能和外部空间的邻接关系、开口特征、相邻的内外空间之间的空间层次、地面高度特征等项目进行了分析。对竹原义二本人的采访分别是 2016 年 1 月 28 日和 2018 年 5 月 22 日，在位于大阪的无有建筑工房进行。笔者主要围绕住宅设计时的注意点、引道布置、功能计划、内外空间关系、回游动线、材料、作品风格等进行了采访。

表 3-1　研究对象作品列表

编号	作品名称	竣工时间	收录时间
01	西明石の家	1983-03	住宅特集 1985- 夏
02	粉浜の家 2	1985-02	住宅特集 1986-06
03	深井中町の家	1985-12	住宅特集 1987-01
04	阿弥の家	1986-12	住宅特集 1987-08
05	依羅通りの家	1987-09	住宅建築 1993-05
06	石丸の家	1988-05	住宅特集 1989-07
07	西中島の家	1988-09	住宅建築 1993-05
08	楠町の家	1988-12	住宅特集 1989-04
09	千里山の家	1989-03	住宅特集 1990-02
10	寿町の家	1989-04	住宅特集 1990-02
11	本庄町の家	1989-07	住宅特集 1990-02
12	吉見ノ里の家	1990-11	住宅特集 1991-11
13	御崎の家 1	1991-11	住宅建築 1993-06
14	御園の家	1991-12	住宅特集 1992-09
15	真法院町の家	1992-05	住宅特集 1992-11
16	山坂の家 1	1992-06	住宅特集 1992-11
17	玉串川の家	1992-10	住宅特集 1993-02
18	印田の家	1993-03	住宅特集 1993-11
19	千里園の家	1993-05	住宅特集 1993-09
20	小路の家	1993-08	住宅特集 1994-11
21	久御山の家	1993-12	住宅特集 1994-05
22	御崎の家 2	1994-04	住宅特集 1994-11
23	朱雀の家	1994-11	住宅特集 1995-05

编号	作品名称	竣工时间	收录时间
24	宝山町の家	1995-05	住宅特集 1996-02
25	帝塚山の家	1995-05	住宅特集 1996-02
26	向陵中町の家	1996-01	住宅特集 1996-05
27	魚崎北町の家	1996-10	住宅特集 1997-02
28	山坂の家 2	1996-11	住宅特集 1997-02
29	浜松の家	1997-01	建築文化 2000-03
30	南河内の家	1997-01	住宅特集 1997-08
31	目神山の家	1997-02	建築文化 2000-03
32	東広島の家	1997-03	住宅特集 1997-10
33	広陵町の家	1997-06	住宅特集 1997-08
34	城崎の家	1997-12	建築文化 2000-03
35	千里丘の家	1998-04	住宅特集 1999-04
36	新千里南町の家	1998-12	建築文化 2000-03
37	夙川の家	1999-01	住宅特集 1999-10
38	武蔵小金井の家	1999-01	住宅特集 1999-04
39	比叡平の家	2000-01	住宅特集 2000-05
40	六番町の家	2000-04	住宅建築 2006-06
41	鷲林寺南町の家	2000-06	住宅特集 2000-09
42	東豊中の家	2001-02	住宅特集 2001-09
43	箱作の家	2001-04	住宅特集 2001-09
44	加守町の家	2001-08	住宅建築 2005-03
45	明石の家	2001-08	住宅特集 2002-05
46	高柳の家	2001-09	住宅建築 2005-03
47	大社町の家	2001-12	住宅建築 2005-03
48	101 番目の家	2002-05	住宅特集 2002-12
49	岩倉の家	2002-07	住宅建築 2005-03
50	都島の家	2002-12	住宅建築 2006-06
51	河内山本の家	2003-01	住宅建築 2006-06
52	芦屋の家	2003-12	住宅建築 2006-06
53	額田の家	2004-04	住宅特集 2004-08
54	御宿の家	2004-11	住宅特集 2005-02
55	粉浜の家 4	2005-03	住宅特集 2006-01
56	岸和田の家 05	2005-05	住宅特集 2006-05
57	北恩加島の家	2005-06	住宅建築 2006-06
58	宮ノ谷の家	2005-12	住宅特集 2007-05
59	北畠の家	2006-09	住宅特集 2007-09
60	深谷の家	2007-01	住宅特集 2007-09
61	諏訪森町中の家	2007-04	住宅建築 2008-08
62	諏訪森町東の家	2007-06	住宅建築 2013-02

编号	作品名称	竣工时间	收录时间
63	乗鞍の家	2007-11	住宅特集 2008-09
64	小倉町の家	2008-03	住宅特集 2009-04
65	永山園の家	2008-05	住宅建築 2008-08
66	富士が丘の家	2009-03	住宅特集 2010-08
67	大川の家	2009-08	住宅特集 2011-10
68	山本町北の家	2009-11	住宅特集 2013-02
69	西春の家	2010-02	住宅建築 2013-02
70	東淀川の家	2011-02	住宅建築 2013-02
71	緑町の家	2011-03	住宅特集 2013-02
72	新千里南町の家 2	2011-10	住宅建築 2015-02
73	東松山の家	2013-01	住宅特集 2013-07
74	豊中の家	2013-05	住宅建築 2015-02
75	五力田の家	2013-05	住宅建築 2015-02
76	住吉本町の家	2013-05	住宅特集 2015-04
77	金岡の家	2013-12	住宅建築 2015-02
78	十ノ坪の家	2015-02	住宅特集 2015-04

2. 内外空间的境域形态

对于住宅建筑的平面布局，竹原义二主要借鉴了日本传统建筑"雁行式""分栋式"的布局特点[7]，并反映在其住宅作品当中。

在控制住宅外轮廓的平面形状的同时，内部和外部空间分界线的周长也会随之改变。基于这一点，如图 3-6 中表格横表头所示，建筑外轮廓的形状由简单到复杂，将矩形的归为"基本型"，向内有一个缺角的归为"一次缺角型"，向内有两个缺角的归为"二次缺角型"，向内有三个缺角的归为"三次缺角型"，有四个以上缺角的归为"四次以上型"，外轮廓有缺角且内部有四周被建筑围合的中庭的归为"中庭缺角型"。另外，将分栋型案例按照外轮廓形状分别归为"分栋基本型"与"分栋缺角型"。将全住宅案例的每个地上层，按照以上若干种类型进行分类并抽出。

建筑的配置形态		建筑外轮廓形状				
		基本型	缺角型			
		方形	一次缺角	二次缺角	三次缺角	四次以上
极小型		02-2F 类型a				
邻接型	一次	02-1F, 05-1F, 15-1F, 16-1F, 26-1F, 35-1F, 35-3F, 55-1F, 55-2F	47-1F			
	二次	14-2F, 34-2F, 34-3F, 44-2F	44-1F 类型b			
包围型	二次	22-2F, 29-3F, 57-1F 类型c				01-1F, 01-2F 类型e
	三次		04-1F, 04-2F, 28-1F	09-1F, 09-2F	类型d	
	完全	30-2F, 51-2F, 53-2F, 65-3F, 69-2F, 72-2F, 74-2F, 75-2F	12-2F, 39-2F, 61-2F, 65-2F, 71-1F, 75-1F, 78-1F	19-2F, 39-1F, 42-2F, 52-2F, 54-1F, 65-1F, 71-2F, 72-1F	18-1F, 18-2F	12-1F, 30-1F, 73-2F
被包围型	二次		03-1F, 07-1F, 07-2F, 20-1F, 20-2F, 20-3F, 35-2F, 43-2F, 45-2F, 58-2F, 64-2F, 76-1F, 76-2F	类型g		
	三次			03-2F, 37-2F, 37-3F		
	完全					
邻接型 + 被包围型			24-1F, 28-3F, 46-1F, 46-2F, 46-3F	14-1F, 25-2F, 40-1F, 40-2F, 56-1F	11-1F, 11-2F, 22-1F, 38-1F, 38-2F, 58-3F, 68-1F, 68-2F	28-2F, 31-1F, 56-3F, 61-1F, 62-2F, 77-1F
被包围型 + 被包围型				13-2F, 16-2F, 16-3F, 27-1F, 27-2F, 50-1F, 50-2F	13-1F, 50-3F, 57-2F, 57-3F, 64-1F	08-1F, 08-2F, 10-2F, 15-2F, 17-1F, 21-1F, 29-1F, 29-2F, 56-2F
包围型 + 被包围型			51-1F 类型h	26-2F, 70-1F, 74-1F	23-1F, 23-2F, 32-2F, 49-1F, 49-2F, 63-2F	19-1F, 59-1F, 63-1F, 67-1F, 69-1F, 70-2F

图 3-6 境域形态分类

庭缺角型	分栋	
	基本型	缺角型
		33-1F, 33-2F, 42-1F, 53-1F 类型 f
	类型 j	37-1F, 43-1F, 47-2F
06-2F, 52-1F, 类型 i		25-1F, 48-2F
	32-1F, 36-1F, 36-2F	41-1F, 41-2F, 45-1F, 60-1F, 60-2F

建筑体在用地内的位置，决定了内部空间与外部空间的位置关系，以及内外境域的方向。基于这一点，如图 3-6 中表格纵表头所示，首先将建筑体大致占满住宅用地的案例归为"极小型"。内部空间与外部空间平行邻接的归为"邻接型"，其中外部空间在建筑体某一方向的归为"一次邻接型"，在建筑体相反两方向都拥有外部空间的归为"二次邻接型"。外部空间将内部空间包围的归为"包围型"，其中以"L"字形包围的归为"二次包围型"，"U"字形包围的归为"三次包围型"，内部空间四面都被包围的归为"完全包围型"。相反，外部空间被内部空间包围的归为"被包围型"，同理其中也包括了"二次被包围型""三次被包围型"和"完全被包围型"。同时，一个境域形态较复杂的案例还可能同时属于多种类型，如"邻接型＋被包围型""包围型＋被包围型""被包围型＋被包围型"等。通过以上方法，将所有案例的每个地上层抽出并分类。

如图 3-6 所示，将基于边界形状的分类列为表格的横表头，将基于内外空间位置关系的分类列为表格的纵表头，根据全部案例的散布状况，可得出 a～j 十种境域形态类型。类型 a 与类型 b 多为用地面积较小的案例，数量也较少，外部空间与建筑物的位置关系多为紧凑的邻接型。案例数量最多的类型为 h，其中大多建筑外轮廓采用一次以上的多次缺角，结合复合的外部空间布局，内外空间关系多样且丰富。此外，类型 j、类型 f 和类型 i 因分栋布局或者内包中庭而具有更长的外轮廓，同时栋与栋之间的空间和中庭空间通常较为闭塞，与开敞的外围空间形成对比，彼此之间或分离或通过动线相连，使得外部空间富有趣味性，如"广陵町之家"。

3. 内外空间的境域构成

（1）丰富的内外空间连接关系

住宅的外部空间如庭院等，不仅作为室外生活空间供使用者停留，还可以供室内的人通过门窗等开口观赏外面景色，从而起到提升视觉体验的作用。本节将分析各室内功能与庭院空间的视觉连接关系，即庭院通过开口服务于哪种室内功能，以及这种视觉连接关系在年代上有何变化。通过案例分析，与庭院视觉联系最为密切的主要室内功能分别为客厅、卧室、餐厅、厨房和浴室。图 3-7 表现了所有案例中 5 种室内功能与庭院空间存在视觉连续性的所占比例的年代变化。结果显示，客厅、餐厅、卧室的比例在各个时期始终维持在 80% 以上较高的数值，而浴室与庭院的视觉连接关系随着年代变迁呈现出日趋密切的趋势，厨房也显示出微弱的密切趋势。由此可知，随着时代的推进，住宅庭院不再局限于服务住宅中的如客厅、餐厅等家庭成员停留的主要公共空间，进而渗透到了相对"细枝末节"的家庭个体的生活环节，比如私密性较高的浴室以及通常是主妇使用的厨房，在泡澡和下厨的时候也能感受到自然，提升了

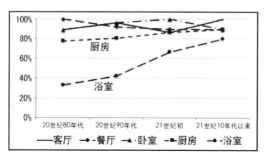

图 3-7　室内功能与庭院的连接关系

居住者视觉体验的同时，庭院空间也与更多的生活环节产生了联系。

（2）多方向、多效果的对外开口方式

本节将分析连接内部与外部空间的建筑的对外开口的特点。选取内部功能空间当中最重要的客厅，将客厅以及和客厅在空间上形成一体的空间定义为主室。将全部案例的主室中的对外开口（图3-8）进行了分类。首先根据人是否能通过开口，划分为"流线开口"和"视线开口"两类。"视线开口"中正常站立的人（如170 cm）能水平透过开口部位看见室外的归为"一般开口"，开口部位处于特殊高度的（如地窗、高窗、天窗等）归为"特殊开口"。"一般开口"中又进一步划分为"大开口"与"细长开口"两类。以上的类型中，因"流线开口"与"一般开口"的面积较大，定义为"主要开口"。

接下来，根据主室的主要开口的方向数，将全部案例分为"一方向""二方向"和"三方向"3类。根据开口的类型，将所有主室的开口情况用图3-9表现。结果显示，"具有流线开口"的案例多达71例，绝大多数的主室都具有通向室外空间的特点。"一方向"的案例中，"有特殊开口"的案例占多数（10/22），显然是考虑到采光通风的需求而采用了"主要开口＋特殊开口"的开口方式。"二

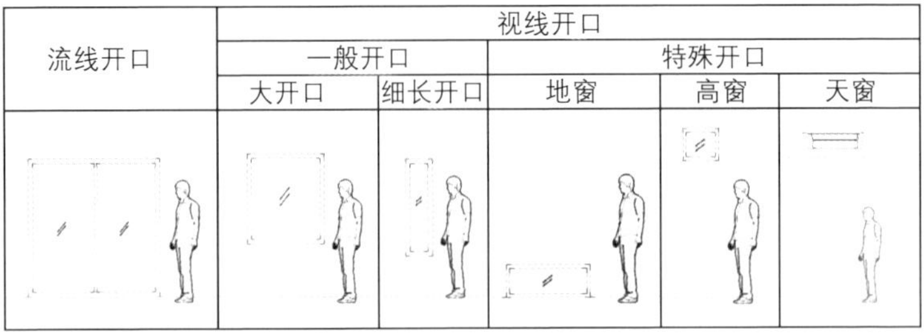

流线开口	视线开口				
	一般开口		特殊开口		
	大开口	细长开口	地窗	高窗	天窗

图 3-8　对外开口的分类

方向"的案例分为主要开口之间互相"垂直"与互相"对峙"两类，这两种开口方式能带来不同的视觉体验。"垂直"型的主要开口开在相互垂直而又邻接的两面墙上，可在某两个方向上形成全景式的观景效果，"对峙"型的主要开口开在反方向的两个墙面上，室内空间和两个方向的外部空间在视觉上被一体化，形成"外内外"的连续空间。"三方向"的案例中，除某一方向外其余三个方向均有主要开口，同时具备"二方向"当中的两种视觉体验。

此外，观察具有"地窗"和"高窗"等特殊开口的案例会发现，地窗无一例外全部开在了"流线开口"的反方向（编号18、22、33、52），高窗则全部开在了"流线开口或大开口"垂直方向的墙面（编号04、08、24、34、55、58、59），而且这两类的案例多数属于"一方向"。显然这两种特殊开口的目的是解决采光问题（大部分主室只有一个主要采光面），另外开在"流线开口"对面的地窗能够给从外部进入主室的人提供对景。

具有天窗的案例（共8例）中，大部分的主室并不在最上层，主室的天花板部分镂空，上层开设天窗，光线进入天窗后通过上层的墙壁反射到达下层的主室（图3-10、图3-11）。这种手法多用于基地面积狭小（100 ㎡左右）的案例中，是解决狭小住宅采光问题的一种有效方法。

（3）内外之间柔和的空间过渡

竹原义二的言论中多次提到传统建筑中存在的半室外空间，并称之为"中间领域"[7, 8]。观察其作品的主室与外部空间的连接，会发现多数的内与外并非直接通过开口相连，主室和庭院之间多隔着一个起着缓冲作用的中间领域，如内部走廊、外部走廊、土间，甚

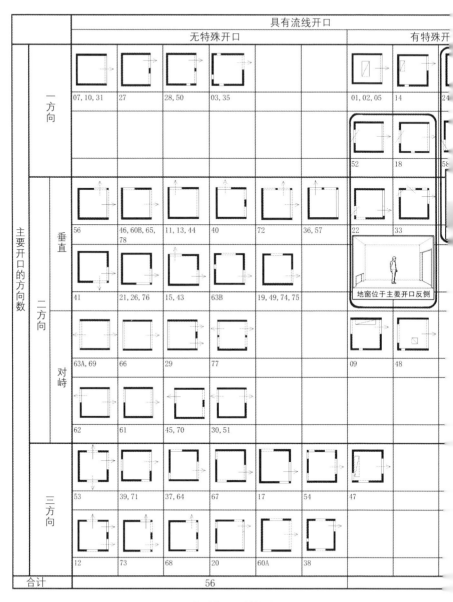

图 3-9　主室对外开口的构成

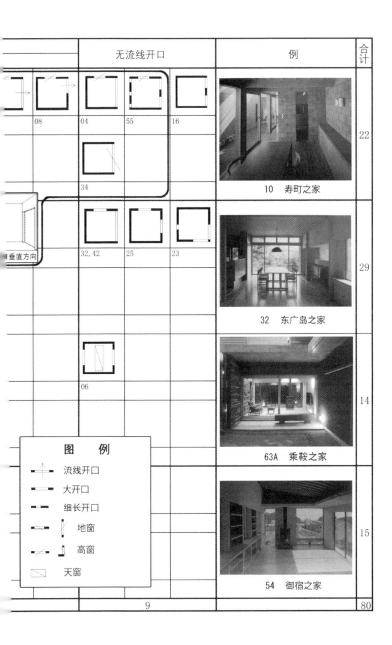

| 无流线开口 | 例 | 合计 |

08　04　55　16

34

34

10　寿町之家

22

32, 42　25　23

32　东广岛之家

29

06

63A　乘鞍之家

14

54　御宿之家

15

图　例

↔ 流线开口

▬ 大开口

▬ 细长开口

⌐ 地窗

⌐ 高窗

◰ 天窗

垂直方向

9

80

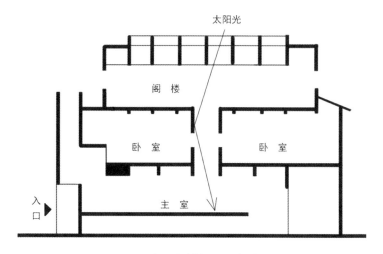

图 3-10　天光通过反射进入主室（粉滨之家 2）

图 3-11　粉滨之家 2 的主室

至于没有特定功能的半室外空间（图 3-12）。例如 "千里丘之家" 和 "比叡平之家"，土间和内走廊作为内和外的中间领域，起到了过渡内部和外部的作用，同时从室内看向外部时，中间领域的存在增加了空间的层次感和进深感。

另外，从内到外双重的建具（门窗等）以及地面高差的设置也不可忽视。例如图 3-12 中的 "箱作之家"，外走廊内室有 180 mm 的地面高差，从室内向外看时，门的下边框正好被这个高差隐藏，视觉上外走廊和内室的地面变得连续。同时由于外走廊和庭院之间高差较大，在视觉上，原本属于外部空间的外走廊变得更像是内部

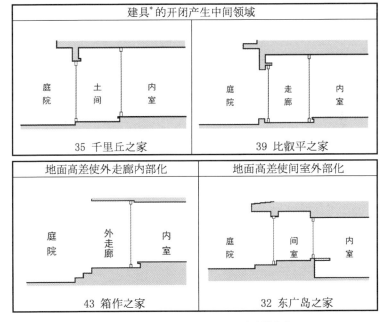

图 3-12 中间领域使内外境域模糊化
＊ 日本房屋的门、拉门、隔扇等的总称。

空间的延伸。再如"东广岛之家",间室的进深约为 1.8 m,原本应该属于内部空间,然而间室和内室具有约 600 mm 的高差,同时间室通往庭院的门框被这个高差隐藏,使得间室在视觉上被外部化。

通过中间领域的设置、地面高差的设计等手法,结合双重建具的开闭行为,住宅空间被赋予了更灵活的用途的同时,住宅中内部与外部的划分不再"非内即外",而是让内和外两个领域发生重叠,界限变得模糊。这种模糊在物理上和心理上都有体现。

(4) 室外地面向室内延伸

日本住宅会考虑人进屋后脱鞋的行为环节,在住宅设计中体现为设置具有一定地面高差的玄关,传统住宅中多体现为"土间",其地面高度和材质与室外地面相同,这些也在竹原义二的言论和作品中有着明显体现[7, 8]。本研究的案例当中不乏将传统住宅中的土间活用的作品。如竹原义二的自宅"101 号屋"中的主室(图 3-13),室内地面局部抬高约 100 mm,在感受上形成一道空间领域的分界线。较低的土间部分的地面材质与半室外土间相同。如此一来,居住者在入户过程中会经历三道领域边界,由外到内的过程中会经历四种不同的空间体验(室外、半室外、室内土间、主室),带来了空间感受的过渡。此外,主室与庭院的连接也体现了土间的设计,如"千里丘之家",这种地面高度变化结合了上一节提到的中间领域,产生了模糊的、多重的领域分界。

4. 小结

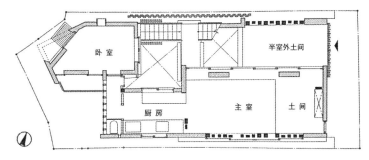

图 3-13　101 号屋平面图

本章通过解析日本建筑家竹原义二的独立住宅作品的内外空间关系，包括内外境域的平面形态特征、外部空间与内部功能空间的连接关系以及内外境域构成的特征，将主要设计手法和特点总结如下。

（1）内外空间境界的扩大化

将内外空间境界扩大化的具体手法为：a.建筑体外轮廓设置缺角或者分栋布局，扩大内外境界面。b.在内部空间设置多方向的对外开口，提高居住视觉体验。c.使外部空间与更多的内部功能空间（如浴室、厨房等）相连接。通过以上手法，扩大充实了内外空间的连接，创造出住宅内多样的视觉体验的同时，庭院等外部空间能够服务于更多的生活环节。

（2）内外空间境界的模糊化

内外空间境界的模糊化的具体手法为：在主要室内空间和庭院之间，设置过渡的中间领域，结合建具的开闭和地面高度、材质的变化，让内与外两个领域发生重叠。如此一来，感受上内部与外部领域相互重叠、渗透，产生具有层次感并且用途灵活的空间，内外关系变得更加多样与复杂。

根据以上总结，笔者认为竹原义二的住宅设计继承了日本传统建筑的形式特点（如平面布局、中间领域、地面高差等处理），通过将内外境域扩大化，结合开口的设置、中间领域、开口处高差、建具的开闭等细节设计，在居住空间中创造了丰富而灵动的内外境域，促进了室内与室外的对话，为居住生活带来了更大的灵活性和舒适性，使住宅中人与自然的关系通过内外"境界"的复杂化、模糊化得以增强和丰富。几十年职业生涯中大量的设计委托以及作品问世正说明了其设计理念能够让人产生共鸣。以上总结的手法，特别是扩大建筑体境界方面，对于用地狭小的住宅引入自然空间具有指导意义。同时主室中特殊开口的设置，也是狭小住宅空间解决室内采光通风的好方法。在日本近年独立住宅用地狭小化的背景下，其手法是解决居住空间单调、内外缺乏联系等问题的有效方法。

本章所研究的竹原义二的独立住宅设计手法，在日本住宅设计领域具有代表性，对于我国的住宅精细化设计、提高居住环境的品质具有借鉴意义。同时，在近年来我国医疗养老设施、度假休闲设施等迅猛发展的背景下，笔者在本书中揭示的居住空间内外"境界"的设计手法，即在居住空间中引入自然环境，并与生活空间相结合的方法，对于设计建造一些追求居住与自然环境高度结合的设施具有极其现实的指导意义。

本章参考文献

[1] 隈研吾.境界　　世界を変える日本の空間操作術 [M].東京: 淡交社, 2010.

[2] 李路阳，沈悦.日本建筑家石井修的景观融合型独立住宅布局手法研究 [J]. 中国园林，2018 (4)：105-111.

[3] 竹原義二.小住宅づくりの魅力 [J].住宅建築，2005 (3)：74-77.

[4] 竹原義二.場を解く [J].住宅建築，2013 (2)：4-5.

[5] 竹原義二.自然・素材・建築 [J].住宅特集，1990 (2)：84-85.

[6] 竹原義二.狭小住宅をどう解くか [J].住宅特集，2006 (8)：124-129.

[7] 竹原義二.無有 [M].京都: 学芸出版社，2007.

[8] 竹原義二.竹原義二の住宅建築 [M].東京: TOTO 出版，2010.

本章部分图的出处

图 3-1~ 图 3-3 出自参考文献 1；图 3-4、图 3-5 出自参考文献 9；图 3-6 出自参考文献 10；图 3-9 内使用的照片出自参考文献 8；图 3-13 出自参考文献 2。

第四章

现代独立住宅作品中
入户引道的设计

建筑师竹原义二创作了数量众多的建筑作品[1]，尤其以住宅、托儿所、老人设施等人们居住和生活场景为基础的作品居多，因此他也被称为"住宅作家"[2]。20 世纪 80 年代以来，其作品曾登上专业住宅设计刊物多达 100 余次，引起了广泛关注。

竹原的住宅作品在建筑专刊上的刊登频率很高，多年来备受关注。花田佳明评价其作品具有完成度高和设计风格长期稳定不变的特点[3]。此外，从竹原的语言表达和作品解说上大致可以看出，他非常重视人们通往内部空间时入户引道空间的布局[4]，通过设置弯曲的动线让人停下脚步以达到使人不轻易到达玄关，这种做法在他的住宅作品中非常多见[5, 6]。例如，1985 年竣工的位于宽 3.5 m、进深约 10 m 的极小用地上"粉浜之家 2"中的入户引道，从道路经过前庭直至进入建筑内部一共经历了 4 次转弯。入户引道空间的布局对于竹原义二的住宅设计来说是非常重要的关键词。

另外，藤江通昌曾说，经过住宅的入户引道通往玄关的过程就像是电视剧的情节，不仅能让居住者和让外部的人们感受到四季的变化和平静的氛围，而且是形成良好街景的重要手法[7]。此外，从宫胁檀、平野敏之等人的住宅设计中也可以看出他们非常注重入户引道设计[8, 9]。

综上不难发现，入户引道空间的布局对于独立住宅设计来说是不可欠缺的研究项目，对其设计方法的分析亦是研究日本住宅设计观的重要内容。因此，本章着眼于"入户引道空间"的具体形态，以长期重视"入户引道空间"设计的竹原义二的独立住宅作品为对象，解析其"入户引道空间"的设计手法。

1. 研究方法

本章采用以竹原义二的独立住宅作品的资料调查和作品分析为主，以对竹原义二本人的访谈为辅的方法进行研究。

（1）调查与分析

关于对资料进行调查，本书从竹原义二刊登在著作、杂志上的作品和解说中，整理出与住宅入户引道相关的关键词和设计意图，同时从住宅专刊中选取竹原义二的 78 件独立住宅作品（见表 3-1）作为研究对象。对作品进行分析时，本书将对从资料中发掘的入户引道设计意图相关的指标数值进行统计。在此基础上，从对象作品中的入户引道与住宅的位置关系、入户引道动线的长度和曲折性等方面呈现的"布局形态"，以及入户引道是以怎样的空间构建而成的"空间结构"，对入户引道的数量指标进行探讨和分型。对"布局形态"进行分析时，通过多变量分析探讨了入户引道形态与布局条件的关联性，明确了作品中入户引道空间的特征。推进"空间结构"研究时，由于很难确定数值性指标，因此采用了定性分析的形式。上述分析项目如表 4-1 所示。

（2）访谈

2016 年 1 月 28 日，笔者对竹原义二进行了访谈，内容是关于独立住宅的设计手法，主要听取了其对于入户引道、功能分区、室内外空间的衔接、动线的回游性等问题的看法以及建筑材料、作品风格等。笔者将与本章内容相关的住宅入户引道设计方法相关的内容进行了概要性的整理。

表 4-1　分析项目

资料调查	从言论中提取与入户引道设计方法相关的设计意图
	筛选刊登在专业杂志上的设计作品
作品分析	布局形态	整理与入户引道相关的数量指标
		从入口位置的布局开始，探讨入户引道的布局形态类型化
		对比入户引道形态相关的数量指标进行多变量分析
	空间结构	入户引道的空间和弯曲方式的类型化
		设计意图、入户引道的空间类型和上述数量指标的分析
	其他	布局形态和空间结构的结论与一般作品的对比分析
访谈	日期: 2016 年 1 月 28 日 地点: 无有建筑工房（大阪）

（3）从言论中提取设计意图

以竹原义二本人对设计作品的言论（著作中的解说）为基础，结合笔者对资料的解读，提取了其对于入户引道布局的主要设计意图。笔者将设计意图及其相关解释和表述分以下 4 个方面进行记述。

①延长动线。

采用更长的入户引道路线，延长人们进入住宅建筑的时间轴（图 4-1）。

"我会有意地将入户引道空间设计得更长。"

②设置曲折的入户引道（记为"曲折动线"）。

通过将入户引道动线曲折，让人停下脚步并改变方向（图 4-2）。

"使玄关不易到达。即使用地不宽裕几乎无法设置入户引道空间时，也一定要让人至少驻足一次。"

"到访的人围绕着墙壁，步行穿过曲折的铺设石块的狭长空间时，通过使其驻足可以在保有距离感的同时，让他们感受到空间的进深和衔接。"

图 4-1 延长动线

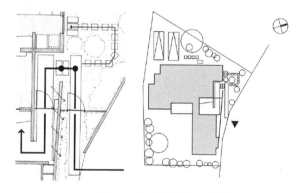

图 4-2 设置曲折的入户引道

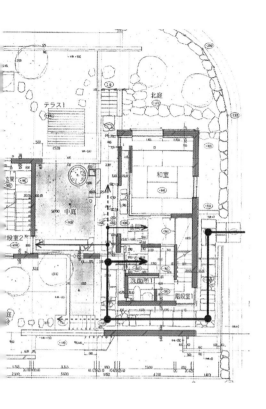

③让入户门内外的空间同质化（记为"内外同质"）。

入户引道的地面铺装延伸到入户门的内侧（图 4-3、图 4-4）。

"作品'石丸之家'中，从贴石的建筑出发向前，不远处的尽头设置有入户门。虽然其作为入户引道来说很短，但是门的内部与引道空间进行连接，并采用相同的地面铺装一直延伸到深处。"

④灵活运用空间开放和封闭所带来的变化（记为"空间变化"）。

使入户引道动线经过由独立墙和建筑外墙包夹而成的空隙或隧道空间（图 4-5、图 4-6）。

"引道空间本身是将建筑间的空隙沿着近乎直线进行推进，雨、

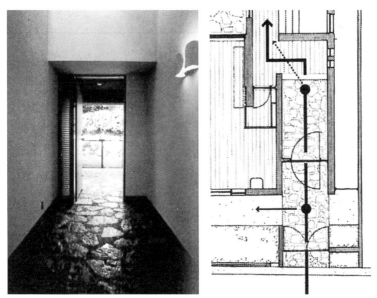

图 4-3 让入户门内外的空间同质化（1）

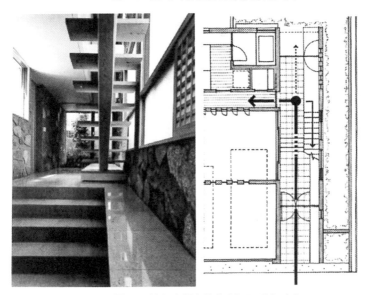

图 4-4 让入户门内外的空间同质化（2）

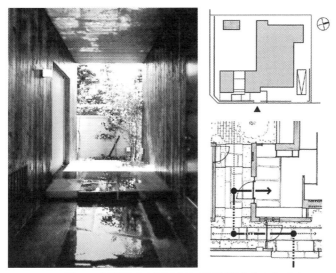

图 4-5 灵活运用空间开放和封闭所带来的变化（1）

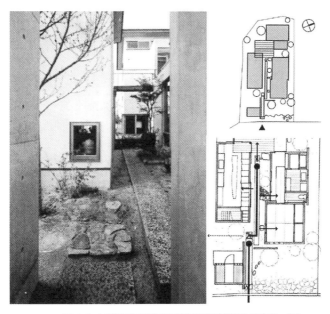

图 4-6 灵活运用空间开放和封闭所带来的变化（2）

阳光、风在此交相呼应，不经意间停下脚步，从而带来视线的变化，这样的做法在作品中随处可见。

"穿过隧道所形成的路径，就来到了光线从上部倾泻而下的内庭。通过'穿行'连续的外部空间这一行为，带来空间上的模糊，使人们意识到内庭是更内在的领域。"

根据以上竹原义二的言论，笔者虽将他对于入户引道的设计意图分为了上述 4 类，但是它们在大多情况下并非单独体现，而是复合运用的。

为了验证上述设计意图，笔者定量地抓取了与各个设计意图相关的入户引道指标。针对"延长动线"和"曲折动线"，笔者从目标案例的资料图中统计入户引道动线的水平距离和弯曲次数，将其定量化梳理。针对"内外同质"，虽然很难用数值来判断设计意图，但可以根据资料图进行判断，将案例划分为符合和不符合，再对入户引道长度、弯曲次数等指标进行关联分析，以明确"内外同质"和入户引道动线基本形态之间的关系。针对"空间变化"，笔者将所有案例中的入户引道空间根据空间的限定性进行分类，并对各个作品的空间变化以及各类型在所有案例中的占比进行了整理和分析。

2. 对象案例的基本信息

（1）基本信息

为了分析入户引道的布局形态，笔者首先整理了目标作品的基本条件和各项指标。图 4-7 呈现的是对所有目标作品中用地面积、建筑占地面积、建筑面积、容积率、入户引道的水平距离、入户引道的弯曲次数等信息的整理结果。其中各条形图横轴是各项目的数值，纵轴是符合的案例数。从图4-7可以看出，案例主要涉及的用地面积范围较广。从建筑占地面积来看，大部分案例（63例）集中在20~140 ㎡。在建筑面积方面，73例案例均在50~300 ㎡的范围内，300 ㎡以上的案例较少。容积率几乎都在0.2~0.6 范围内。在入户引道的水平距离方面，大约一半的案例（37例）在5~10 m 的范围内，

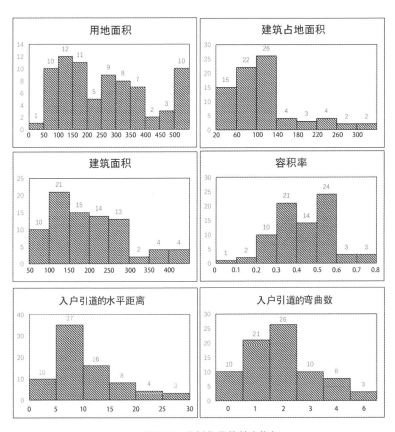

图4-7 分析作品的基本指标

平均值为 8.25 m。在入户引道的弯曲次数方面，数量为 1 和 2 的案例最为常见。

从上述的数值可以发现，目标作品用地面积的范围十分广泛，从 100 ㎡ 以内的狭小住宅到 500 ㎡ 以上的大型住宅，同时可以推定入户引道的平均实际状况，长度在 8 m 左右，弯曲次数在 1 次或 2 次。

（2）用地规模的变化与入户引道的水平距离之间的关系

从用地面积的年代变化来看，如图 4-8 所示，随着年代的推移，呈现出轻微增加的趋势。图 4-9 所示为入户引道的水平距离相对于用地面积的散点图。图表显示用地面积与入户引道的水平距离成正比。

入户引道的水平距离 = 0.016× 用地面积 + 5.4（关联系数 0.66）

（3）从入口位置对入户引道布局进行分类

根据入户引道与住宅建筑的位置关系以及入户门所在位置，将入户引道布局进行分类。考虑到入户引道的布局类型与入户门（即入户引道动线的终点）所在位置之间存在密切关系，因此，根据入户门相对于住宅建筑的位置（即入户门位于住宅建筑的前侧或两侧等），如图 4-10 所示，将入户引道分为 4 种类型。入户门位于建筑的正面方向时，归类为"正面布局"；位于建筑两侧时，归类为"侧面布局"；入户引道动线需要经过建筑立体空间包围着的中庭到达位于其中的入户门时，归类为"中庭布局"；入户门位于建筑后侧时，归类为"背后布局"。结果显示，案例数量最多的类型是"正面布局"（47/78）。而且，图 4-11 展示的是根据入户引道的弯曲次数进行布局分类时，对若干具体形态及其对应案例进行整理的数据。

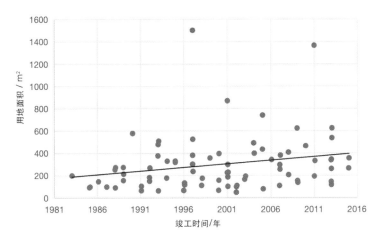

图 4-8 用地面积的年代变化

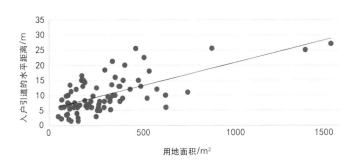

图 4-9 入户引道的水平距离与用地面积的关系

布局形式	正面布局	侧面布局	中庭布局	背后布局
模式图	道 路	道 路	道 路	道 路
案例数	47	21	8	2

图 4-10 入户引道与住宅建筑的位置关系

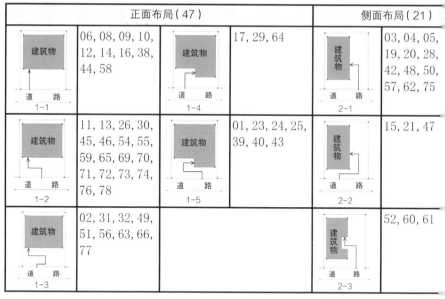

正面布局（47）				侧面布局（21）	
建筑物 道 路 1-1	06, 08, 09, 10, 12, 14, 16, 38, 44, 58	建筑物 道 路 1-4	17, 29, 64	建筑物 道 路 2-1	03, 04, 05, 19, 20, 28, 42, 48, 50, 57, 62, 75
建筑物 道 路 1-2	11, 13, 26, 30, 45, 46, 54, 55, 59, 65, 69, 70, 71, 72, 73, 74, 76, 78	建筑物 道 路 1-5	01, 23, 24, 25, 39, 40, 43	建筑物 道 路 2-2	15, 21, 47
建筑物 道 路 1-3	02, 31, 32, 49, 51, 56, 63, 66, 77			建筑物 道 路 2-3	52, 60, 61

图 4-11　弯曲次数与布局形态

（4）其他计量指标

下面列举了用于计算的其他指标。

◆用地针状度：用地短边 / 用地长边。

◆用地南向率：用地东西方向长度 / 用地南北方向长度。

◆接道距离。

◆接道距离率：接道距离 /（√占地面积）。

◆接道数。

◆主要接道方位。

◆玄关距离：入户门距离正面道路的水平距离。

中庭布局（8）				背后布局（2）	
建筑物 路 3-1	22, 27, 37	建筑物 建筑物 道 路 3-4	36, 41	建筑物 道 路 4-1	67
建筑物 路 -2	07, 68			建筑物 道 路 4-2	34
建筑物 路 -3	33				

3. 入户引道形态相关的数量指标的多变量分析

本节中，以目前统计的数据为基础，为了考察其他指标对入户引道特性相关指标的影响程度，进行了多元回归分析（将与入户引道相关的一个指标作为目标变量，将其他所有的数量指标作为说明变量），结果见表 4-2。

表 4-2 入户引道形态相关指标的多元回归分析

	入户引道的水平距离	入户引道的弯曲次数	玄关距离
接道距离	0.16		
接道距离率			− 4.38
主要接道方位			0.45
入户引道的水平距离	—	0.27	0.72

	入户引道的水平距离	入户引道的弯曲次数	玄关距离
入户引道的弯曲次数	1.74	—	− 1.18
玄关距离	0.96	− 0.24	—
函数值	− 2.14	0.82	4.52
多重相关 R	0.93	0.76	0.92
修正 R^2	0.86	0.56	0.83

在此，排除相关的指标，对具有显著影响力的指标进行了如下整理。

①虽然关联性不大，但是入户引道的水平距离与用地的接道距离正相关。表现为，接道距离越长，入户引道的长度越长。

②入户引道的弯曲次数与玄关距离呈负相关。表现为玄关设置在紧靠正面道路的位置，无法采用较长入户引道时，采用将其动线弯曲的手法。

③玄关距离几乎不受接道距离的影响，与接道距离率具有很强的负相关性。表现为在宽度（接道距离）小的大型狭长用地中，多将玄关设置在用地深处以延长玄关距离。由于玄关距离与接道方位存在正相关，因此接道位于日照更好的方向上时，多采取更长玄关距离。

从以上的结果可以看出，竹原义二有意识地从时间轴的角度考虑入户引道空间的设计，尽可能延长并且弯曲入户引道。

4. 入户引道的空间构成

本节围绕入户引道所在空间的限定性的变化、如何让入户引道产生弯曲（弯曲方法）等，解析了入户引道空间的物理形态特征。

首先，笔者将所有案例中令入户引道动线发生弯曲的要素（称为弯曲要素）和入户引道空间的开放性进行了分类。如图 4-12 所示，将弯曲要素分为墙壁、树木等"立体要素"，以及地面铺装材料及高差变化等"地面要素"。在"立体要素"中，如果动线行进到墙壁或树木后产生了弯曲，将其归类为"墙壁"和"树木"；如果为了使动线进入其他空间领域而发生了弯曲，将其归类为"空间分节"；另外，"墙壁"中，墙壁的高度低于人的视线高度的将其归类为"低墙"。在"地面要素"中，由于铺装材料的转折而使动线转折的，将其归类为"铺装"；由于铺装材料与如草坪等非步行材料的边界致使动线弯曲的，将其归类为"地面材料分节"；由于台阶或地面的高差变化而致使弯曲的，将其归类为"台阶"或"高差变化"。弯曲要素共分为上述 8 类，以符号 A ~ H 进行标记。当弯曲体现了多个要素时，将采用复合标记（如 BE）。

在引道空间的限定性的分类中，如图 4-13 所示，将入户引道所在空间按开放感从强到弱的顺序划分为：没有物理空间限制的"开放"、在动线的一侧有墙壁的"单侧壁"、屋顶从一侧墙壁上伸出覆盖动线上空的"单侧开放"、两侧有墙壁但其中一处低于视线高度的"准空隙"、位于动线平行的两个建筑外墙或独立墙之间夹缝中的"空隙"、穿过建筑体领域的"隧道"和建筑体内凹形成的"凹陷"。上述 7 种空间类型，按开放感从强到弱的顺序以①~⑦进行标记。

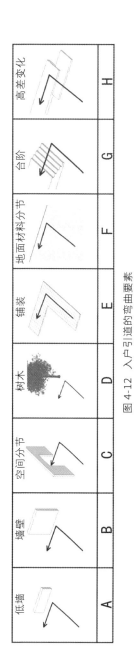

A	B	C	D	E	F	G	H
低墙	墙壁	空间分节	树木	铺装	地面材料分节	台阶	高差变化

图 4-12 入户引道的弯曲要素

①	②	③	④	⑤	⑥	⑦
开放	单侧壁	单侧开放	准空隙	空隙	隧道	凹陷

图 4-13 引道空间的限定性分类

将上述弯曲方法和空间类型与入户引道各区间的长度信息相结合，如图 4-14 所示，通过条形图表现了所有案例中入户引道空间的实际物理形态。

在图 4-14 中，纵轴表示案例编号，横轴表示入户引道的水平距离。在每个案例所示的各横条的上部，标记了通过入户引道弯曲而分割的各区间的水平距离和弯曲方法；下部表示的是对应部分的空间类型。填充图案分别对应图 4-13 中的 7 种空间类型（参照图例）。

表 4-3 是对所有案例中各种弯曲方法及其案例数量进行整理的结果。案例数量较多的类型有"E"（28 例）、"C"（28 例）、"B"（23 例）、"BE"（22 例）。如表 4-4 所示，本书选取了具有 5 个以上案例的类型，将其弯曲方法作为主要类型，并将它们按照"立体要素"和"地面要素"以及"两者组合"进行分类，探讨了案例数量的年代变化。结果显示，20 世纪 80 年代初期"立体要素"出现在全部案例中，随着年代的推移，属于"地面要素"和"两者组合"的类型不断增加。2010 年以后"立体要素"成为少数，包含地面材料和地面高差等做法的弯曲方法成为主流。由此可见，动线的弯曲设计从利用墙壁等立体要素逐渐转变为利用地面材料变化和地面高差变化等做法。

观察入户引道空间开放性变化可以发现，既存在只包含单一空间类型的案例，也存在包含多种空间类型的案例。关于空间开放性的变化，如表 4-5 所示，将空间开放性的变化划分为没有变化的"无变化"、仅变化一次的"减少"和"增加"、变化两次的"减少→增加"和"增加→减少"5 种类型，并将这些案例数量进行了整理。结果显示，从开放性更高的空间转变为更封闭的空间的"减少"案例占整体的

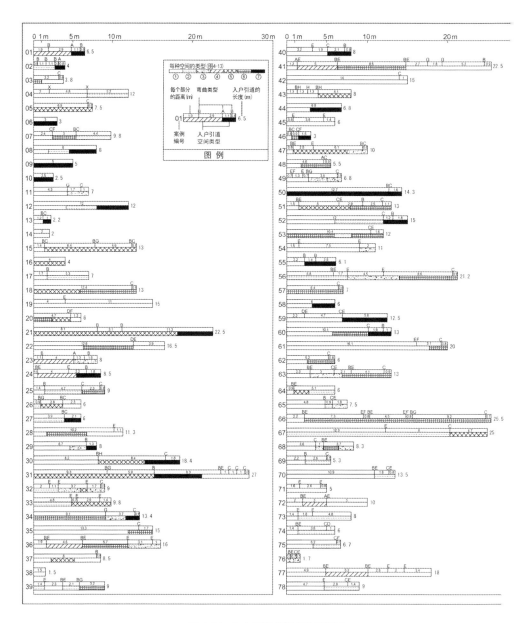

图 4-14　入户引道空间的物理形态

表 4-3 弯曲类型及对应案例数量

类型	数量	类型	数量
E	28	A	3
C	28	CF	3
B	23	DE	2
BE	22	BH	3
BC	9	AE	2
CE	8	DF	1
BG	6	H	1
EF	4	AC	1
G	4	CD	1

表 4-4 弯曲类型及对应案例数

类型		20 世纪 80 年代	20 世纪 90 年代	21 世纪初	21 世纪 10 年代	合计
立体要素	C	3	10	13	1	27
	B	5	10	8	1	24
	BC	1	5	3	0	9
	合计	9	25	24	2	60
两者组合	BE	0	4	12	6	22
	CE	0	0	5	3	8
	BG	0	3	3	0	6
	合计	0	7	20	9	36
地面要素	E	0	11	11	7	29
	EF	0	0	4	0	4
	合计	0	11	15	7	33

表 4-5　入户引道空间开放性变化

变化类型	模式图	案例编号	合计
无变化	道路 → 开 → 玄关 道路 → 闭 → 玄关	05,06,09,10,14,16,19, 38,42,45,50,57,71,76	14
减少	道路 — 开 — 闭 → 玄关	01,02,04,08,11,12,13,15, 17,18,21,22,24,25,27,29, 30,33,35,40,43,44,46,48, 49,51,52,54,55,56,58,59, 60,61,62,63,65,66,67,69, 70,73,74,75,78	45
增加	道路 — 闭 — 开 → 玄关	03,20,23	3
减少→ 增加	道路 — 开 闭 开 → 玄关	07,26,28,31,32,36,37, 41,47,64,68,72,77	13
增加→ 减少	道路 — 闭 开 闭 → 玄关	34,39,53	3

一半以上（45/78），为主要的变化类型。此外，空间的开放性发生了变化的类型有 64 个案例，由此可以确定竹原的作品中存在着活用入户引道空间开放性变化的设计手法和意图。

5. 设计意图和各种条件的分析

本节将针对前述的设计意图，分析入户引道布局类型与空间实际状态之间的关系。如表4-6所示，横表头表示入户引道布局类型，纵表头表示设计意图。将所有案例标注在相应位置，并对入户引道的具体形态、水平距离、弯曲次数、空间开放性变化的类型等信息进行了整理。

从符合设计意图的案例数量来看，多见"延长动线"（59/78）、"曲折动线"（48/78）和"空间变化"（38/78）。观察布局类型在各设计意图的案例中所占的比例，"延长动线"的做法在任何布局类型中都占了过半的数量，因此是最重要的入户引道设计手法。在"曲折动线"中，由于"正面布局"和"中庭布局"的比例较高（78.7%，62.5%），在这两种布局类型中，呈现出存在使入户引道动线弯曲的倾向。另外，"空间变化"在"侧面布局"和"中庭布局"的案例中出现较多（71.4%，87.5%），可见这两种布局方式中，多采用让入户引道动线穿过建筑体或者空隙所形成的较封闭空间，最终通往靠近深处的入户门的手法。

观察"内外同质"的案例发现，引道动线的布局几乎都是"正面布局"（11/13）。其中，在入户引道空间开放性变化的类型中，"无变化"和弯曲次数为"0"的最为常见，并且在同时满足这两个条件的案例06、09、14、16、38的入户引道的水平距离均在5 m以内。由此可见，"内外同质"的手法多用于因用地狭小，入户引道难以设置、难以弯曲以及难以变化入户引道的空间的情况。

表 4-6 入户引道布局类型与设计意图

设计意图	正面布局（47）			布局
延长动线	01, 1-5, 6.5 m, 3, 减少 02, 1-3, 3.5 m, 2, 减少 12, 1-1, 12 m, 0, 减少 23, 1-5, 8 m, 3, 增加 24, 1-5, 8.5 m, 3, 减少 25, 1-5, 9 m, 1, 减少 29, 1-4, 8 m, 1, 减少 30, 1-2, 18.4 m, 2, 减少 31, 1-3, 27 m, 6, 减→增 32, 1-3, 9 m, 2, 减少 39, 1-5, 9 m, 3, 增→减 40, 1-5, 8 m, 3, 减少	43, 1-5, 8 m, 3, 减少 44, 1-1, 6.7 m, 0, 减少 45, 1-2, 6 m, 2, 无变化 46, 1-2, 3 m, 2, 减少 49, 1-3, 6.7 m, 4, 减少 51, 1-3, 13 m, 4, 减少 54, 1-2, 11 m, 2, 减少 55, 1-2, 6.1 m, 2, 减少 56, 1-3, 21.3 m, 4, 减少 58, 1-1, 6 m, 0, 减少 59, 1-2, 12.5 m, 2, 减少 63, 1-3, 10 m, 3, 减少	64, 1-4, 10 m, 1, 减→增 65, 1-2, 7.5 m, 2, 减少 66, 1-3, 25.5 m, 6, 减少 69, 1-2, 5.3 m, 2, 减少 70, 1-2, 13.5 m, 2, 减少 71, 1-2, 5 m, 2, 无变化 72, 1-2, 10 m, 2, 减→增 73, 1-2, 6 m, 2, 减少 74, 1-2, 6 m, 2, 减少 76, 1-2, 1.5 m, 2, 无变化 77, 1-3, 18 m, 4, 减→增 78, 1-2, 10 m, 2, 减少	15, 2-2, 13 m, 3, 18, 2-1, 13 m, 1, 减 19, 2-1, 15 m, 1, 无 20, 2-1, 6 m, 1, 增 22, 2-2, 22.5 m, 2 28, 2-1, 11.3 m, 1 47, 2-2, 10 m, 3,
合计	36/76.6%			
曲折动线	01, 1-5, 6.5 m, 3, 减少 02, 1-3, 3.5 m, 2, 减少 11, 1-2, 7 m, 2, 减少 13, 1-2, 2.2 m, 1, 减少 17, 1-4, 7 m, 1, 减少 21, 1-5, 8 m, 3, 增加 24, 1-5, 8.5 m, 3, 减少 25, 1-5, 9 m, 1, 减少 26, 1-2, 6 m, 2, 减→增 29, 1-4, 8 m, 1, 减少 30, 1-2, 18.4 m, 2, 减少 31, 1-3, 27 m, 6, 减→增 32, 1-3, 9 m, 2, 减→增	39, 1-5, 9 m, 3, 增→减 40, 1-5, 8 m, 3, 减少 43, 1-5, 8 m, 3, 减少 45, 1-2, 6 m, 2, 无变化 46, 1-2, 3 m, 2, 减少 49, 1-3, 6.7 m, 4, 减少 51, 1-3, 13 m, 4, 减少 54, 1-2, 11 m, 2, 减少 55, 1-2, 6.1 m, 2, 减少 56, 1-3, 21.3 m, 4, 减少 59, 1-2, 12.5 m, 2, 减少 63, 1-3, 10 m, 3, 减少 64, 1-4, 10 m, 1, 减→增	65, 1-2, 7.5 m, 2, 减少 66, 1-3, 25.5 m, 6, 减少 69, 1-2, 5.3 m, 2, 减少 70, 1-2, 13.5 m, 2, 减少 71, 1-2, 5 m, 2, 无变化 72, 1-2, 10 m, 2, 减→增 73, 1-2, 6 m, 2, 减少 74, 1-2, 6 m, 2, 减少 76, 1-2, 1.5 m, 2, 无变化 77, 1-3, 18 m, 4, 减→增 78, 1-2, 10 m, 2, 减少	15, 2-2, 13 m, 3, 减 21, 2-2, 22.5 m, 2 47, 2-2, 10 m, 3, 减 52, 2-3, 15 m, 2, 减 60, 2-3, 13 m, 2, 减 61, 2-3, 20 m, 3,
合计	37/78.7%			
内外同质	06, 1-1, 3 m, 0, 无变化 08, 1-1, 8 m, 0, 减少 09, 1-1, 5 m, 0, 无变化 14, 1-2, 2 m, 0, 无变化 16, 1-4, 4 m, 0, 无变化 24, 1-5, 8.5 m, 3, 减少	38, 1-1, 1.5 m, 0, 无变化 44, 1-1, 6.8 m, 0, 减少 58, 1-1, 6 m, 0, 减少 59, 1-2, 12.5 m, 2, 减少 65, 1-2, 7.5 m, 2, 减少		48, 2-1, 5.5 m, 1,
合计	11/23.4%			
空间变化	16, 1-1, 4 m, 0, 无变化 26, 1-2, 6 m, 2, 减→增 30, 1-2, 18.4 m, 2, 减少 32, 1-3, 9 m, 2, 减→增 43, 1-5, 8 m, 3, 减少 46, 1-2, 3 m, 2, 减少 51, 1-3, 13 m, 4, 减少 56, 1-3, 21.3 m, 4, 减少	59, 1-2, 12.5 m, 2, 减少 63, 1-3, 10 m, 3, 减少 64, 1-4, 10 m, 1, 减→增 66, 1-3, 25.5 m, 6, 减少 72, 1-2, 10 m, 2, 减→增 76, 1-2, 1.5 m, 2, 无变化 77, 1-3, 18 m, 4, 减少		03, 2-1, 3.8 m, 1, 05, 2-1, 7.5 m, 1, 15, 2-2, 13 m, 3, 18, 2-1, 13 m, 1, 20, 2-1, 6 m, 1, 增 21, 2-2, 22.5 m, 2 28, 2-1, 11.3 m, 35, 2-1, 15 m, 1,
合计	15/31.9%			
其他	10, 1-1, 2.5 m, 0, 无变化			04, 2-1, 12 m, 2, 42, 2-1, 15 m, 1,
合计	1/2.1%			

侧面布局（21）	中庭布局（8）	背后布局（2）	合计
2-1, 14.3m, 1, 无变化 2-3, 15m, 2, 减少 2-1, 12m, 1, 增→减 2-1, 7m, 1, 无变化 2-3, 13m, 2, 减少 2-3, 20m, 2, 减少 2-1, 6m, 1, 减少	07, 3-2, 9.8m, 2, 减→增 22, 3-1, 16.5m, 1, 减少 33, 3-3, 9.8m, 3, 减少 36, 3-4, 16m, 4, 减→增 37, 3-1, 8.5m, 1, 减少 41, 3-4, 8m, 6, 减→增 68, 3-2, 8.3m, 2, 减→增	34, 4-2, 13.4m, 2, 增→减 67, 4-1, 25m, 2, 减少	
%	7/87.5%	2/100%	59
	07, 3-2, 9.8m, 2, 减→增 36, 3-4, 16m, 4, 减→增 33, 3-3, 9.8m, 3, 减少 41, 3-4, 8m, 6, 减→增 68, 3-2, 8.3m, 2, 减→增		
	5/62.5%		48
	68, 3-2, 8.3m, 2, 减→增		
	1/12.5%		13
2-2, 10m, 3, 减→增 2-3, 13m, 2, 减少 -1, 14.3m, 1, 无变化 2-1, 12m, 1, 增→减 -3, 13m, 2, 减少 -3, 20m, 2, 减少 2-1, 6m, 1, 减少	07, 3-2, 9.8m, 2, 减→增 22, 3-1, 16.5m, 1, 减少 33, 3-3, 9.8m, 3, 减少 36, 3-4, 16m, 4, 减→增 37, 3-1, 8.5m, 1, 减→增 41, 3-4, 8m, 6, 减→增 68, 3-2, 8.3m, 2, 减→增	34, 4-2, 13.4m, 2, 增→减	
-1, 6.8m, 1, 减少	7/87.5%	1/50%	38
	27, 3-1, 6m, 1, 减少		
	1/12.5%		5

6. 小结

本研究着眼于建筑家竹原义二的独立住宅作品的入户引道空间的设计。通过分析设计意图、布局类型、空间构成等方法，揭示了竹原义二的如下设计手法。

①通过多元回归分析，确认了竹原会有意识地关注入户引道空间的长度，并采用延长时间轴的手法。这对本来模糊的设计意图进行了定量化的验证。对将时间轴延长的入户引道具体的设计手法总结如下：a. 采用以多样的布局形态结合入户引道的转折，来延长入户引道的手法。b. 入户门和正面道路之间距离较短时，采用弯曲入户引道的手法。c. 在有限的用地上难以设置较长的入户引道时，采用对入户引道的铺装和玄关地面采用相同的材质，使入户门内部和外部空间同质，以在视觉上延长入户引道的手法。以上的操作可以延长入户的移动距离，使人在行进过程中驻足并改变方向，不轻易到达玄关，从而形成时间上的控制。即明确了竹原通过"距离的延长"和"行为的延长"而形成"时间的延长"的手法。上述手法能在有限的空间内给人带来宽敞的感受。

②竹原给入户引道营造了丰富的空间体验。具体手法是，将延长的入户引道穿过类似隧道的空间，形成空间开放和封闭的对比、明和暗的对比，创造出了空间限定性多变的入户引道空间。由此，人在感受开和闭、明和暗带来的风和光等自然动态的同时，也产生情绪上的漪涟，由此获得更丰富多样的空间体验。

近年来，在独立住宅用地持续狭小化的背景下，对于设计者，要说服业主在有限的用地上设置更占地的入户引道并不是一件容易的事情。从这一点可以看出，竹原设计的入户引道空间充满魅力。竹原义二重视入户引道布局，使用上述手法，将入户引道的形态和空间复杂化，目的是让有限的空间给人带来无尽的感受，在其进入住宅之前，创造出时间和情绪上的过渡，带来超出原本用地规模的延伸感。手法最终让人们从这个空间中获得了更丰富的体验。不难发现，作品的问世验证了这种理念获得了很多共鸣，这也是竹原能够实现复杂的入户引道的原因。

本章所揭示的竹原义二采用的设计手法并不深奥，对于新型住宅设计和度假设施等以人们生活为基础的建筑设计尤其具有参考价值。只要在入户引道空间的设计上灵活运用上述手法，就能有效提升住宅的整体形象，丰富空间体验。

本章参考文献

[1] 竹原義二. 竹原義二の住宅建築 [M]. 東京: TOTO 出版, 2010: 296.

[2] 参考文献 1, 138.

[3] 参考文献 1, 296.

[4] 竹原義二. アプローチの濃密さを決める [J]. デイテール, 2006 (1): 60.

[5] 竹原義二. 場の力を読む [J]. 住宅特集, 1995 (9): 88.

[6] 竹原義二. 無有 [M]. 京都: 学芸出版社, 2007: 103.

[7] 小林和教, 藤江通昌. 住宅のアプローチ空間 [J]. デイテール, 2009 (10): 45.

[8] 平野敏之. 街と家の間 [J]. 住宅建築, 2002 (8): 102-103.

[9] 宮脇檀. 宮脇檀の住宅設計ノウハウ [M]. 東京: 丸善株式会社, 1987.

本章部分图的出处

图 4-1～图 4-6 内所用的图片素材出自参考文献 6。

第五章
日本传统茶庭动线的特征与入户引道的设计对比

日本传统茶庭又名"露地"，是附属于茶室建筑的庭院，起源于日本近世初期（桃山时代），是日本茶圣千利休等茶道大家用于会茶友、论茶道的场所空间。茶庭的美，体现于审美意识较高的茶道人在茶道活动的特定空间中，将风雅志趣与自然之美相融合。这种理想的空间状态是场所空间与茶道宗旨相结合的结果。例如，露地中设置的腰挂座、中门、洗手钵、踏脚石、膝行口（茶室客人出入的小门）等设施都是遵循茶道的基础法则而进行设计的[1]。从茶庭的功能来看，如三千家和薮内家等茶道流派宗家的宅邸中，将茶室与主屋（住宅的主要建筑）分栋设置，再通过茶庭中设置的路径（飞石动线）将茶庭入口、主屋和茶室连接，这样茶庭在承担着客人进入茶室的动线功能和住宅的室外交通动线功能的同时，使茶道活动成为起居生活一部分。例如图 5-1、图 5-2 所示的里千家茶庭，正是这种模式的体现。

对于茶庭的设计，日本现代住宅建筑家竹原义二做出了以下解读。

"茶室是仅为了款待客人而创造的空间。从进入露地的入口开始，便设置了与外部空间相分离的飞石。踏着飞石，在腰挂座处稍坐片刻，等待主人相迎。然后用水钵中的水洗净双手，再踏着连续的飞石观赏茶庭中变幻的风景，而后经过膝行口，最后到达茶室的内部。这之间不过是数米的距离，但通过丰富的行为设计，切实地让来访者的情绪不断发生转变。"[2]

本章以日本传统茶庭为对象，通过分析茶庭中飞石动线的布局、形态以及与茶庭中景观要素的构成关系，揭示日本传统茶庭中飞石动线的物理形态和景观构成的特征。

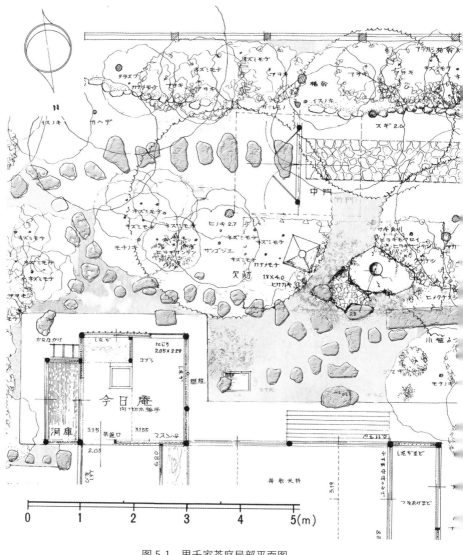

图 5-1 里千家茶庭局部平面图

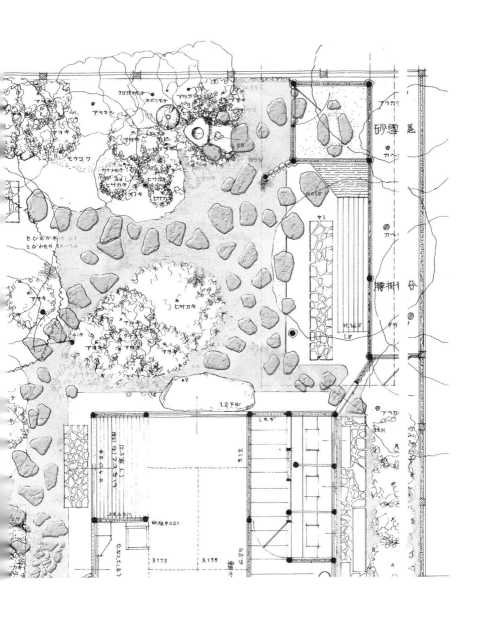

图 5-2　里千家茶庭

1. 研究方法

本章通过资料调查，对茶庭中飞石动线的布局、形态以及与茶庭中景观要素的构成关系等进行分析。

本章以《全国日本庭院一览》³中归类为"茶庭"的 43 个案例中，登载于《实测日本名园》⁴的且具有详细图纸信息的 10 个茶庭作为研究对象（表 5-1）。

在茶庭动线的布局方面，将通过分析飞石动线与建筑物的位置关系，明确其布局的特征。在动线的形态方面，首先根据茶庭案例的平面图抽取从茶庭入口到茶室膝行口的路径，并用 CAD 软件描绘路径中的飞石、石段等的轮廓，通过对飞石之间的间距、重心，转折角度、总长度等进行测量分析，明确飞石动线物理形态的特征。在动线与景观要素的构成关系方面，先将景观要素分为给行进中的人提供观赏对象的观赏要素，以及给路径空间带来分界感的分界要素两类并进行整理，再通过对动线空间中景观要素的构成及与动线的配置关系进行分析，揭示飞石动线与景观要素的构成特点。

表 5-1　研究对象列表

编号	茶庭名	茶室名	建造时期	概　要
01	薮内家	燕庵	江户初期	日本茶道中薮内流派的宗家
02	表千家	不审庵	桃山	日本茶道中千家流派的一个分支
03	里千家	今日庵	江户初期	日本茶道中千家流派的一个分支
04	武者小路千家	官休庵	江户中期	日本茶道中千家流派的一个分支
05	孤篷庵	忘筌	江户初期	佛教临济宗大德寺派中大本山大德寺的子院
06	西翁院	反古庵	江户中期	佛教净土宗大本山金戒光明寺的子院之一
07	桂春院	既白庵	江户中期	佛教临济宗妙心寺派大本山妙心寺的子院
08	妙喜庵	待庵	江户初期	佛教临济宗东福寺派寺庙之一

编号	茶庭名	茶室名	建造时期	概　要
09	仁和寺	飞涛亭	江户初期	佛教真言宗位于总本山的寺院
10	松花堂	松隐	江户初期	江户初期石清水八幡宫的神社僧所建的草庵

2. 茶庭中飞石动线的布局

本节从飞石动线与茶室、主屋的连接关系出发，论证飞石动线的平面布局特征。首先，从对象茶庭的平面图中确定飞石动线和与之相关联的茶室、主屋等建筑的出入口位置，并用模式图（图 5-3）的方式来表现飞石动线、茶室、主屋三者间的连接关系。从模式图中可以得出以下动线布局的相关信息。

①飞石动线从茶庭入口开始连接茶室（含主屋）的布局方式占研究对象的绝大多数，仅"09 仁和寺"采用从主屋到茶室的布局。

②作为动线终点的茶室分为与主屋分离的"独立式"布局形式、作为主屋一部分存在的"一体式"布局形式。"独立式"的布局形式中，茶室多与主屋通过半室外连廊相连，主屋与茶室间多存在着室内、半室内和室外等多样的连接路径。

③飞石动线可分为单一路径依次连接茶室与主屋的各个出入口的"串联式"布局，以及由多个路径来连接各个出入口的"并联式"布局两类。其中"04 武者小路千家""05 孤篷庵""06 西翁院""07 桂春院""08 妙喜庵"和"09 仁和寺"属于"串联式"布局。"01 薮内家""02 表千家""03 里千家"和"10 松花堂"属于"并联式"布局。

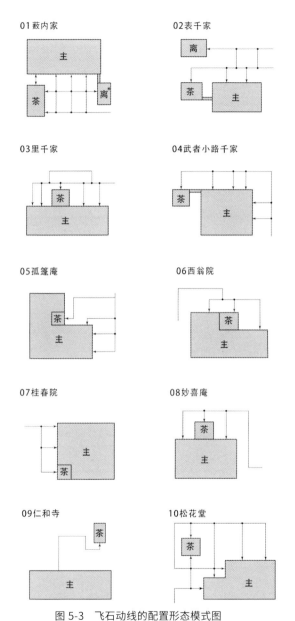

图 5-3　飞石动线的配置形态模式图

* 日文「離れ座敷」「離れ家」的简称，是指离开主房另建的房间，离开主建筑物的独立建筑物。

综上所述，茶庭中的飞石动线起着从茶庭口行进至茶室的引导作用，同时还赋予了主屋与茶室之间多样的连接路径，使来客到访与主人迎客两种行为的动线在茶庭中得以实现，并且将茶道活动与日常生活联系得更为紧密。

3. 动线中飞石及石段的构成及形态

（1）飞石的基本构成及形态

本节从飞石的距离和曲折特性出发，对其配置形态进行分析。根据以下方式对飞石的重心、间距和弯曲角度进行解释和定义。

①飞石的重心：利用 CAD 软件在平面图上描出飞石的平面轮廓，并在软件中测算其重心。

②飞石的间距：在 CAD 软件中量取相邻飞石重心之间的距离。（间距无法确定的石段等除外。）

③飞石的弯曲角度：使用角度差实测值 α 和角度差 α' 两个角度值来定义。角度差实测值 α 为飞石动线前进方向中行进方向发生改变时所产生的角度值。以行进方向线作为基准，向右的角度用"+"、向左的角度用"−"来表达。角度差 α' 为角度差实测值的绝对值。

提取全体对象茶庭中茶庭口至茶室膝行口的最优路径作为分析对象（称为对象路径），运用 CAD 软件描绘出茶室、飞石、路径线等要素（以图 5-4 案例为例），并对全体案例的飞石距离、弯曲角度差值实测值 α、角度差 α' 以及行进方向的左右变化等信息进行实测（以表 5-2 案例为例）。最终，将 10 个案例得出的茶庭的路径距离、直线距离（茶庭口至膝行口的直线距离）、飞石数量、飞

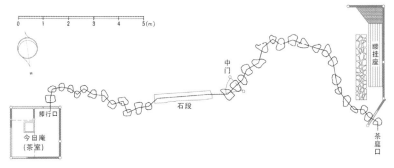

图 5-4　飞石动线

表 5-2　飞石动线测定表（03 里千家）

飞石编号	飞石距离 / mm	角度差实测值 / (°)	角度差 / (°)	左右方向	飞石编号	飞石距离 / mm	角度差实测值 / (°)	角度差 / (°)	左右方向
01	435	− 53	53	左	18	374	27	27	右
02	333	30	30	右	19	447	− 4	4	左
03	382	− 56	56	左	20	790	44	44	右
04	452	48	48	右	石段				
05	496	4	4	右	21	400	35	35	右
06	443	25	25	右	22	484	− 18	18	左
07	719	5	5	右	23	488	94	94	右
08	492	− 22	22	左	24	471	− 85	85	左
09	437	− 44	44	左	25	470	64	64	右
10	549	3	3	右	26	465	− 41	41	左
11	445	3	3	右	27	408	25	25	右
12	515	− 41	41	左	28	343	− 71	71	左
13	385	54	54	右	29	340	79	79	右
14	515	− 73	73	左	30	367	− 28	28	左
15	629	− 35	35	左	31	394	− 24	24	左
16	548	45	45	右	32	385	− 67	67	左
17	419	− 38	38	左	33	457	− 12	12	左

石的平均间距、弯曲次数以及平均角度差 α' 等数据信息整理于表 5-3，从中将数据结论总结如下。

①飞石数在 30～70 个范围内的案例占研究对象的大多数，平均值为 48 个。

②关于动线弯曲的方向性，除了"02 表千家""03 里千家""05 孤篷庵""10 松花堂"的左右弯曲次数差别不大，其他案例的左右弯曲次数差别较大。

③对象路径的距离分布于 18～47 m，平均值约为 33.8 m。平均直线距离约为 21 m。

④每个茶庭的飞石平均间距分布于 417 mm（06 西翁院）～556（05 孤篷庵）。全部案例的平均间距约为 484 mm。

⑤对象茶庭的平均角度差分布于 21.3°（06 孤篷庵）～49.5°（08 妙喜庵）。全部案例的平均值约为 34.9°。

表 5-3　飞石动线实测汇总表

编号	茶庭名称	茶室名称	路径距离 / mm	直线距离 / mm	飞石数量 / 个	平均间距 / mm	弯曲次数 / 次		平均角度差 / (°)
							左	右	
01	薮内家	燕庵	29185	20209	37	554	16	21	33.4
02	表千家	不审庵	32795	19219	65	435	32	33	28.3
03	里千家	今日庵	18137	13168	33	463	17	16	39.3
04	武者小路千家	官休庵	46565	24921	72	475	38	34	37.9
05	孤篷庵	忘筌	37596	28031	57	556	29	28	21.3
06	西翁院	反古庵	27913	18698	43	417	19	24	37.3
07	桂春院	既白庵	38727	23271	67	459	36	31	29
08	妙喜庵	待庵	36678	18538	48	461	27	21	49.5
09	仁和寺	飞涛亭	46431	26744	46	543	21	25	34.9
10	松花堂	松隐	24069	16768	13	550	6	7	37.8

由此，可归纳出以下飞石动线的形态特征。

a. 曲折性：

根据角度差可以看出，存在着方向变化较小的直进式路径以及方向变化较大的曲折式路径两种不同的设计意图。同时由于方向的左右变化不存在明显的数量差异，可以推断出飞石动线的弯曲原则符合步行时双脚左右交替的特点。

b. 距离：

对象路径的距离均大于直线距离，因此设计者通过对飞石动线的曲折化处理，客观地延长了茶庭口到茶室的路径距离。同时，飞石的间距小于成人的平均步幅，这样设计一方面是基于日本的古人穿着和服与木屐的一种人性化考量，另一方面在减小步幅的同时增加了移动步数。综合以上可以解读出设计者通过对动线曲折化处理和减小人的步幅，在物理距离上和人体行为上延长了整个移动过程的时间轴的设计意图。

（2）石段的样式及设置位置

在日本传统庭院中石道和石段被广泛使用。其样式可分为"严谨正式""贴近自然"以及介于两者之间的"折中式"三种类型，对应着日本书法中的"真""行""草"三种样式[5]（图5-5）。"真"多用于营造严谨正式的场所氛围，多见于古代住宅的入户引道等门面空间，完全使用形状规整的加工石；"行"多用于庭院中次一等的道路，采用加工石和天然石相结合的样式；"草"多见于庭院中再次一等的支路，完全使用天然石。从石段的用途上看，神社或寺庙的参道铺石多采用严谨正式的"真"的构成样式，途中由分叉点通往子庭院的路径中设置的石段多采用"行"样式，再次分叉或通

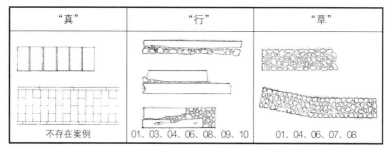

"真"	"行"	"草"
不存在案例	01、03、04、06、08、09、10	01、04、06、07、08

图 5-5　3 种经典的石段样式

往茶室的路径中设置的石段多采用"草"样式。

　　本研究的 10 个研究的对象动线中，除了"02 表千家"和"05 孤篷庵"以外，飞石动线中均设置了石段。以茶亭中的中门或中潜为界，将茶庭露地分为内露地和外露地。通过整理案例中石段的设置位置及其样式，可以得出以下结论。

　　①对象案例的动线中没有采用"真"样式的石段。

　　②石段中采用加工石和天然石融合样式的"行"在对象案例中较多出现，同时在内、外露地中出现的次数差别不太大。

　　③完全使用天然石的"草"样式多设置在茶庭的内露地中。

　　综上可知，茶庭露地中石段的样式区别于严谨正式的参道，多采用较自然的"行"和"草"样式与飞石构成动线。同时"草"形式的石段多集中配置在内露地，为茶室周边的空间营造出贴近自然的氛围。

4. 动线空间中景观要素的配置

本章将针对飞石动线和其空间当中景观要素的配置进行分析。在茶庭空间中为了将来访者引导至茶室或主屋，在设置飞石动线之外，还配置植被、水钵、石灯笼、中门（潜门）、腰挂座、雪隐等景观要素。从与飞石动线的关系来看，这些景观要素可分为两类：a.要素自身的存在影响着动线的行进方向，为行进中的人所观赏的视觉型景观要素；b.要素自身被动线穿过，为行进者带来空间的分界感受的分界型景观要素。前者分类为"观赏要素"，例如植被、石灯笼、水钵等。后者则为"分界要素"，例如中门（潜门）、腰挂座等。以此分类为基础，将与10个对象路径密切相关的景观要素通过图5-6所示类型进行整理。

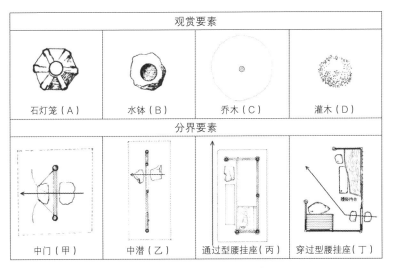

图 5-6 茶庭中的景观要素分类

对动线行进产生影响的"观赏要素"中，植物可分为"乔木"和"灌木"。"分界要素"之中，腰挂座分为"通过型"和"穿过型"两种类型。"中门"（图5-7）、"中潜"（图5-8）和"穿过型腰挂座"可看作是给行进动线设置的物理境界，人们通过这些境界时会感受到茶庭空间里外变化带来的空间节奏感。"通过型腰挂座"虽然在空间上并未进行境界区分，但用于客人等候主人迎接的用途使其在行为上具有一定的分界感，因此也将其分类为"分界要素"。"观赏要素"中的"水钵"（图5-9）虽然包含了洗手这一具体行为，

图5-7 武者小路千家的中门

但因为其与植物、石灯笼等对动线行进方向的影响相似，具有较强的视觉对象的作用，故将其分类为"观赏要素"。

图 5-8　表千家茶庭的中潜

接下来分析"观赏要素"对动线的行进方向产生的影响。通过整理对象动线，可以得出如图 5-10（以石灯笼为例）所示飞石动线因"观赏要素"的存在而对行进方向产生的 3 种影响类型，包括：a.动线正面遇上景观要素从而行进方向发生改变（记为"折"）的类型；b.围绕观赏要素（记为"绕"）的类型；c.将景观要素紧邻动线布置（记为"过"）。其中"过"类型的要素不会对动线的方向产生影响，将要素紧邻动线设置，可理解为将其作为人的视觉对象而设置的意图。基于以上分类，将"观赏要素"的具体个体和对动线的影响关系进行组合，便能得出若干种"结合模式"，并以图 5-6 和

图 5-9　里千家今日庵前的水钵

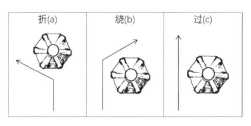

图 5-10　观赏要素和动线的关系

图 5-10 的字母代号相结合的方式来记述（例如 Ca）。

　　将分类至此的景观要素以对象路径为单位进行整理，可得出如图 5-11 所示的模式图。图中反映出了各案例中景观要素的配置情况，可总结出以下信息。

　　①动线中分隔空间的分界要素（中门、中潜、穿过型腰挂座）配置于大多数对象路径中。其中在六个对象路径（编号 01、02、06、08、09、10）配置了双重的分界要素。如此，通过在路径空间设置分界，使进行茶道活动的茶室与其他空间在感受上分离并产生距离感。

　　②与动线行进相关的"结合模式"中，"Ca"模式最为常见，即通过使行进者在树前驻足停留，之后产生转折（图 5-12）。另外，动线与景观要素为"折"的模式（a）在案例中比"绕"（b）和"过"（c）更为常见，因此可知"折"是观赏要素与动线最多见的结合形式。如此，使人在行进过程中与观赏要素正面相遇时会自然产生转折意识。

　　③对象路径中，设置在距离膝行口 5 m 以内的范围内的水钵、茶道宗家案例（编号 01 ~ 04）中设置的腰挂座等要素与茶道活动中人的行为有着高度的关联。

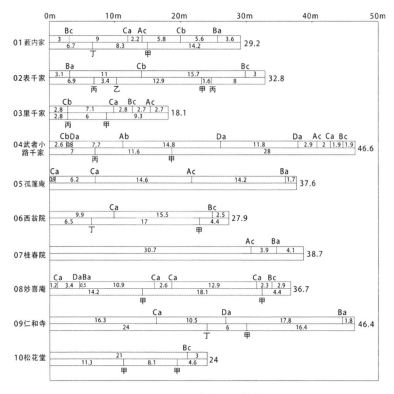

图 5-11　景观要素和配置模式图

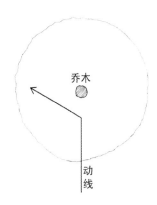

图 5-12　"Ca"模式

5. 小结

本研究以茶庭中的飞石动线作为研究对象，通过平面图和文献等资料，对茶庭中的飞石动线的布局形式、物理形态以及与景观要素的构成关系进行分析，并得出以下结论。

①飞石动线连接茶庭口、主屋与茶室，具有多样的布局形式，为住宅（寺院）带来丰富的室外交通路径的同时，契合茶道活动中主人迎客进入茶室的行为需求。同时，多样的路径给人的行进带来了多种选择，使茶庭动线体验更为丰富。

②飞石动线以其自身丰富的弯曲延长了茶庭路径的物理距离的同时，结合景观要素的配置，使行进者经历观察、停顿、转折等行为，从而使人进入茶室的整个过程在空间、时间以及感受上都得到延长。

③飞石动线中设置的分界要素在感受上赋予了茶庭空间内外领域之分，为来访者由外部空间进入茶室这一行为带来了空间上的过渡感。

综上所述，茶庭空间中的飞石动线作为连接茶庭口、主屋与茶室的交通路径，通过多样的布局以及曲折的物理形态并结合景观要素的配置，增加了人的移动距离和行为，使人进入茶室的过程复杂，即通过"距离的延长"和"行为的延长"实现了"时间的延长"，为进入茶室这一行为带来了时间上和空间上的过渡，丰富了空间体验的同时，使茶室在精神上脱离于外界。

本章参考文献

[1] 中根金作 . 露地：鑑賞と庭造り [M]. 東京：加島書店，1995.

[2] 竹原義二 . 無有 [M]. 京都：学芸出版社，2007.

[3] 京都林泉協会 . 日本庭園鑑賞便覧：全国庭園ガイドブック [M]. 京都：学芸出版社，2002.

[4] 重森三玲 . 実測図日本の名園 [M]. 東京：誠文堂新光社，1971.

[5] 枡野俊明 . 日本庭園の心得：基礎知識から計画・管理・改修まで [M]. 東京：毎日新聞社，2003：94-95.

本章部分图的出处

图 5-1 由作者参照参考文献 4 编辑；图 5-2、图 5-7 ～图 5-9 出自水野克比古的《京都茶庭拝見》（光村推古書院株式会社，2013 年）。

第六章

总　结

本章将对前章探讨归纳的独立住宅建筑物与外部空间的关系特征进行归纳总结，形成结论。总体而言，针对从现代独立住宅作品的建筑物与外部空间的关系这一出发点进行取样的"20世纪70年代以来的现代独立住宅作品"和"竹原义二的独立住宅作品"这两个研究对象，根据各章小结的论述，明确了独立住宅作品中建筑物和外部空间的良好的关系设计。

表6-1是针对"20世纪70年代以来的现代独立住宅作品"和"竹原义二的独立住宅作品"这两个对象，对于建筑物和外部空间的关系，用一览表的方式汇总了形态特征、构成特征这两点。两个研究对象的特征总结如下。

表6-1　各研究对象的主要特征

对象	现代住宅的庭院	竹原义二的作品	
		内外空间的关系	入户引道空间
形态特征	多样化布局形态庭院和生活具有相关的倾向	境界内外的平面关系复杂化 内外空间连续性的重视	通过动线的弯曲来延长入户时间轴 通往内部的连接多样化
构成特征	使用为主的类型和观赏为主的类型	内外之间形成多重体验的中间领域 开口方向的多样化	通过空间限定性的变化带来丰富的体验感

在形态特征上，通过采用复杂的建筑物的内外境域（外轮廓），在用地的多个位置配置庭院等外部空间，尽可能多地创造出室内功能空间与庭院的视觉联系，丰富了内部和外部的关系。此外，明确了通过弯曲的手法延长入户引道动线，让其通过这些外部空间，并且通过多个入口与内部空间连接的设计手法。在构成特征上，室内空间通过多个方向的开口与使用型或观赏型的庭院相连接，内部与

外部之间通过中间领域的配置和地面的高差设计使内外的连接更有层次，更模糊。此外，使入户引道空间经由类似空隙或者隧道的空间，空间开放感和明暗的变化为引道空间带来了丰富的空间体验。

基于以上以竹原义二的住宅作品为中心探讨的现代独立住宅作品中建筑物与外部空间的关系特征，通过对入户引道的基本形态和空间变化、住宅内外境域的平面形状、内外空间的连接关系、联系方式等进行"复杂化"处理，创造出"多样化"的住宅建筑与外部空间的关系，以及丰富的居住体验。详细总结如下。

①关于入户引道的设计，通过使动线转折和设置多个路径或入口的方式，使进入住宅建筑物的途径更多样，入户引道的配置形态变得复杂，再加上使入户引道经过类似空隙或隧道等较为封闭的空间，入户引道空间的构成也因空间限定性的变化而变得更加复杂。如上所述，通过使入户引道的配置形态和空间构成变得复杂，在延长其时间轴的同时，使人在接近住宅入口的过程中发生驻足、转向等行为，感受到风、光等自然界的动态，从而使空间、行为和情绪的体验变得多样化。

②关于境域形态的设计，通过在内外边界的平面形上设置缺角和将住宅建筑物分栋设置等方式，住宅的内外边界被扩大，带来了丰富的内外空间的连接关系。如此，庭院等外部空间可以服务于更多的内部功能空间的同时，同一个内部空间也可以设置多个方向的内外开口，再加上因复杂化的内外境域的平面轮廓形状产生的多个位置的庭院空间（如前庭、中庭、后庭），创造了更加丰富的内外空间的连接关系，生活空间全部（含外部）的形态样貌以及从内到外的视觉体验变得更多样。

③关于内外空间的连接方式设计，通过在房间特殊位置设置开口、外廊、土间等夹在内部空间和外部空间之间的中间领域等手法以及开口部位的地面高差设计，住宅的内外边界变得更有层次，也更模糊。门窗等的开闭，使内外生活空间的划分和利用方法变得多样。如此，通过使内外空间的连接部的构成样式复杂化，为内外空间的界限带来厚度，使居住的空间体验以及生活空间的使用方法变得更多样。

综上所述，通过使入户引道的基本形态和空间变化、内外境域的平面形以及内外空间的连接关系、连接方式等变得复杂，住宅空间变得更加丰富，在将风、光、植物等自然要素引入住所的同时，给生活带来了更多样的空间、视觉以及情绪体验，使室外成为生活的扩展和延伸。现代住宅作家的代表竹原义二提出的很多设计理念十分独特，将日本传统的茶庭飞石动线的特征和传统住宅当中模糊的内外空间关系巧妙地引入现代住宅，对住宅中人与自然的关系等给予了新的解读。其作品的大量问世，也证明他得到了很多人的共鸣。另外，曲折的入户引道动线和模糊、多样的内外空间连接关系等，也使有限的居住空间在视觉上更加宽阔。在日本独立住宅用地规模不断变小的趋势下，竹原的作品和理念对设计具有很大的借鉴价值。

附　录

竹原义二的访谈记录

竹原义二的访谈记录

时间：2016 年 1 月 28 日上午
地点：无有建筑工房（大阪）
（"李"为作者、"竹原"为竹原义二）

李：竹原老师的住宅作品不仅在日本关西地区，关东、广岛等地也有分布。关于各个地域的差异性，您在设计住宅的时候有什么考虑吗？

竹原：当然会有，在北海道建住宅和在九州建是不一样的。不仅仅是温度的差别，太阳角度也会有所不同。

李：就拿主要的两个地区关东和关西举例，在建造住宅时是如何考虑差别性的？

竹原：这两个地方差别倒是不大，比起这个，我会更关注用地周边有什么样的风景。

李：说到场地，您在设计之初第一次来到场地进行调查时，最关注场地哪一方面的条件，最想知道什么？

竹原：近邻的建筑物情况，用地是怎样连接道路的，比如靠近十字路口，还是在两个路口中间等。用地周围种着什么样的植物，还是什么植物都没有。还包括用地是从道路起坡上升的，还是下降的。站在用地上能看到什么，远处有什么地标性的建筑物，周围有什么历史性的事物。还有周围的地形、水系等。主要比较关注这些。

李：我们知道您对住宅的基本分区方法非常多样。在拿到一块用地的时候，在用地的什么地方设置建筑，在哪里做庭院，又或者将住宅建筑分成两三个独立的分栋，您做这些操作的依据是什么？

竹原：主要取决于甲方抱有什么样的想法，以及他们打算在这里居住多久。比如甲方有没有孩子，他的家庭构成情况决定了要怎样设计和建造房子。并不是说设计时一定要将建筑物设计成分栋式的布局，而是会考虑房子跟家庭有什么样的关联。家里有没有老爷爷，有没有孩子需要养育，可能这些都决定了居住者想要建什么样的房子吧。再比如从现在开始10年或者20年后，家庭会变成什么样子，孩子是依然住在家中，还是已经离开，尽管现在无法断言。这个家是会一直存在几十年甚至上百年，还是只是暂时居住在此，过一阵子说不好又要搬去别处，这样的话房子的设计方法也会截然不同。所以，居住者的想法是基本的出发点，所以我设计的住宅会不尽相同，正是因为每个家庭都不一样。

李：入户引道是通往住宅内部的动线空间，您设计的入户引道体现了笔直和曲折，乃至结合了地面高差的多样的形态特点，这也是您的住宅设计特征之一。您在设计入户引道的时候是如何考虑动线的形态设计的？

竹原：拿"东广岛之家"举例就容易理解了。入户引道首先进入用地当中，再向前延展，一定要设置转折。为什么这么做呢？是不希望让人顺着入户引道直行，直接进入家中，而是在行进过程中一边思考自己为什么来这个房子，一边调整心情。铺装是向内部引导的，行进了一段距离后遇见分叉，会让人思考应该往哪里走，看不见玄关又让人迷惑，似乎走哪里都可以。所以，过程中思考了自己来这个房子的理由，就会产生指引。神社和武士家的茶庭也是如此，建造茶室的时候，并不是让人一下子就能进入，而是经过转折、驻足等候，慢慢地靠近入口，核心就是距离感。伴随转折的动线设计，比方说迎接的一方会在某处放上一盆花，来访的人就会在行进的途中慢慢地意识到这一点，这个意识的变化过程是需要一定时间的。所以，即使这个动线再短，我也会重点设置转折的。

李：在研究您的作品时，让我印象最深刻的是内外空间的衔接关系。比如不那么清晰的内外空间的边界，还有像土间、外廊这种中间领域，或者半室外空间的存在，以及在对外开口部位设置的高差，这种让内外空间之间模糊不清的做法是为了什么？

竹原：关于房间的道理也是如此。日本传统的房间是可以复合利用的，比如说，今天我们坐在这里，也同样可以睡在这里，在这里吃饭。然而现代的房间都被分成了餐厅、卧室、客厅等，功能都是明确的。我所追求的并不是这样，而是将事物尽可能做得模糊一些，事物和场所会因模糊而变得多义。对于中间领域来说，比如现在是冬季，窗户被关闭，而到了春天，这个房间的氛围就会变得截然不同，而让内和外连接的中间领域，伴随着季节的变化，会帮助我们探知季节。居住者在感知季节变化时，可以通过门窗的开闭控制内和外的连接。如此，各种各样的场景和场所，都可以通过这些设计来实现。

李：在您的资料和论述中经常能看到"余白"和"回游性"这两个词，在我看来，通过在住宅中设置所谓的"余白"，可以产生某种序列性的感受或者场景，交通动线也变得更加自由，因此可以展开多样的场景。对此，可否请您具体谈谈？

竹原：刚才你说得没错，住宅就像刚才带你看的，需要能够迂回的动线。场所当中不应该存在尽头，这才符合人性的特点。在环绕行进时，也会产生不断变化的空间感受，空间序列不断变化的同时，余白因此而产生，房间也就不会固定在某一种功能下。日本的庭院便是如此，在庭院的中部建造房屋，庭院环绕着房屋且皆可步行，在外部空间里环绕行进，可以感受到外部丰富的自然动态。这就是所谓的回游式庭院，桂离宫庭院就是如此。所以对于住宅来说，即使面积再小也会考虑如此设置。

李：简单来说，就是增加了住宅空间的趣味性，对吗？

竹原：可以这么讲。自古以来人类就不喜欢尽头，一定会不断地向前探索。

李：关于建筑材料，您的作品中大量使用了木材。对于住宅来说，木结构确实造价更低，让人感到亲切温暖，但是保温和隔声性能却并不理想。对此您是如何考虑的？甲方会对材料有要求吗？

竹原：甲方通常不会要求用什么材料，因为他们并不熟悉这些，对价格也不太了解。我在选择材料时并不把价格便宜或者昂贵作为决定因素，而是考虑最适合这个场所的材料是什么，材料的选择由建筑的品质决定。

李：竹原老师曾经在石井修先生的事务所工作，您从他那里学到的最重要的理念是什么？

竹原：建筑师应当具备社会性。每个人都有自己的说辞，而建筑师应当去判断哪些是对的，哪些是错的。比如建筑材料的选择，住宅与环境的关系处理等，这些都需要建筑师亲自来衡量。设计住宅时要思考为何要建造庭院，如何一边观察周边环境一边设计等，甚至还必须考虑这个住宅 10 年或 20 年后会变成什么样子。这些是我工作期间切实感受到的，现在想起来也很庆幸能学到这些。

李：其实不仅是住宅，建筑师的作品风格和设计理念也会随时间发生变化。竹原老师您从事设计工作已经好几十年了，相比早期的一些作品，您的作品有什么改变吗？为何会改变？

竹原：早期主要是为熟人和朋友的自宅做设计，因为预算不多，没能很好地实现住宅空间的丰富性。平面上的设计是我向来比较重视的，所以这方面还是花了很多心思。说到和过去相比有什么不同，还得是庭院等带来的空间感受上的"余地"，这在现今的作品当中就体现得很充分了。这些虽不是在最初的作品中实现的，但是从最初就在脑子里考虑了，所以可以说没什么变化吧。

李：您对自身的哪种设计理念最为重视？

竹原：因为住宅是让人居住的，我认为无论经过了多长时间，住宅永远是未完成的状态，所以我并不追求建造出完美的家。建成后经历了多年的居住和使用，这个住宅不断趋近完善，但是谁也不知道什么时候能达到完成状态，要的就是这种完不成的状态。居住者不断地完善住宅各个地方，让他自己也能享受这个过程，房子不断改变的过程也就成了不断趋近于完美的过程。